全球主要国家和地区
生物技术年报汇编
（2015 年）

中国农业科学院生物技术研究所
中国农业生物技术学会　编译

中国农业出版社

北　京

图书在版编目（CIP）数据

全球主要国家和地区生物技术年报汇编. 2015 年 /
中国农业科学院生物技术研究所，中国农业生物技术学会
编译. -- 北京：中国农业出版社，2024. 9. -- ISBN
978-7-109-32485-5

Ⅰ. Q81-54

中国国家版本馆 CIP 数据核字第 2024F9H525 号

全球主要国家和地区生物技术年报汇编（2015 年）
QUANQIU ZHUYAO GUOJIA HE DIQU SHENGWU JISHU NIANBAO HUIBIAN（2015NIAN）

中国农业出版社出版
地址：北京市朝阳区麦子店街 18 号楼
邮编：100125
责任编辑：张丽四　李　辉
版式设计：杨　婧　责任校对：张雯婷
印刷：中农印务有限公司
版次：2024 年 9 月第 1 版
印次：2024 年 9 月北京第 1 次印刷
发行：新华书店北京发行所
开本：889mm×1194mm　1/16
印张：10
字数：302 千字
定价：98.00 元

参 编 人 员

主　　编：唐巧玲

副 主 编：张晓春　刘　璇　崔宇欣

参编人员：孙国庆　宋　斌　康宇立　于大伟　赖婧滢　周加加

　　　　　梅英婷　徐琳杰　王　东　谷晓峰　韩　霄　牛丽芳

　　　　　谢钰容　普　莉　白　净　董玉凤　刘　航　王华青

　　　　　张　欣　赵金彤

自 1996 年转基因作物在全球大规模商业化种植以来，转基因作物在全球的种植面积快速扩大，由 1996 年的 170 万公顷扩展至 2015 年的 17 970 万公顷，增长 100 倍；种植转基因作物的国家由 1996 年的 6 个增加到 2015 年的 28 个；此外，还有 37 个国家批准了转基因产品的进口。因此，全球实现转基因作物商业化应用的国家总计 65 个。2015 年，生物技术产品的研究和应用又有新的发展。2 种被切开或受磕碰后不易褐变的极地苹果（Arctic Apple）获美国和加拿大的批准进行商业化种植，美国 2015 年种植面积达 6 公顷，这进一步扩大了转基因技术应用的植物种类。经过 20 年的审核，美国食品药品监督管理局（FDA）批准首个转基因动物——快速生长的转基因三文鱼（大西洋鲑）的商业化生产。新的生物技术——CRISPR 基因编辑技术，被《科学》评为 2015 年的突破性技术，许多实验室应用该技术来研发植物和动物新品种。第一个商业化的基因编辑作物——抗磺酰脲类除草剂油菜，首次在美国商业化种植 4 000 公顷。

自转基因技术和产品问世以来，虽然没有发生过被证实的食用安全问题，国际组织和主要研发国家的有关机构对转基因产品的安全性都作出权威结论，但关于转基因的争论一直没有间断过，中国当前的情况也不例外。究其原因有三点：一是转基因技术诞生时间短，属于新技术，人们认识需要有一个过程；二是关于转基因的争论，广泛存在于科学、经济、贸易、哲学、宗教、社会、国防等领域，超出了公众的认知能力；三是公众对全球转基因研发和应用情况不太清楚，除了对美国和欧盟的情况有一些了解外，对其他国家和地区的转基因技术发展应用情况知之甚少。这些因素的共同作用，使公众对转基因产品产生了抵触情绪。

　　基于此，本书从美国农业部的全球农业信息网（Global Agriculture Information Network，GAIN）选取 2015 年欧盟、澳大利亚、阿根廷、巴西、加拿大、印度、日本、韩国、南非 9 个全球最具代表性和影响力的国家或地区的生物技术年报进行了翻译和整理，便于公众了解这些国家和地区的农业经济动向、生产状况、对转基因技术的态度、政策和研究应用情况，有助于公众客观全面了解转基因技术在全球的发展情况，从而加深对转基因产品的认识。

目　录
CONTENTS

第三部分　动物生物技术

欧盟农业生物技术年报

报告要点：在欧盟，政府、媒体、非政府组织、消费者和行业协会对于农业生物技术的应用仍然争论不休，各成员国对农业生物技术的接受程度有明显差异。在反生物技术极端主义的施压下，欧盟制定了严格的管理政策，这限制了农业生物技术的研发和应用。但是，随着转基因作物在全球的广泛种植，欧盟每年进口数百万吨转基因玉米、大豆产品。欧盟在生物技术政策领域的最新进展，包括允许成员国禁止在境内种植非科学研究目的的转基因作物、可能加快监管审批速度的议案和动物克隆立法提案。

第一部分　执行概要

直到 20 世纪 90 年代，欧盟都是转基因植物研发领域的领导者。在反生物技术极端主义施加的压力下，欧盟和成员国政府制定了复杂的管理政策，减缓和限制了转基因产品的研发和商业化。由于反生物技术极端主义不断破坏试验田，转基因产品研发往往仅限于实验室内的基础研究。在过去几年里，多家私营研发企业离开欧盟去其他国家开展实验，以避免研发活动受到破坏。2014 年，12 个欧盟成员国开启了转基因作物田间试验，并计划投资一家新的公私合作机构进行研发，以满足欧盟生物经济的需求。

欧盟严格的监管措施限制了转基因作物的商业化种植，只批准了转基因玉米 MON810 的商业化种植。转基因玉米种植国家主要是西班牙，种植面积约为 13 万公顷，占西班牙玉米种植总面积的 30%。欧盟是全球主要的大豆进口国（年均进口 3 000 万吨大豆，价值约 150 亿美元）和玉米进口国（年均进口 600 万吨玉米，价值约 20 亿美元）。进口玉米、大豆主要用作畜牧饲料和家禽饲料，转基因大豆和玉米在进口总量中的份额预计分别为 90% 和 25%。美国是欧盟的第二大大豆供应国和第三大豆粕供应国，从美国进口玉米的数量每年变化较大。但是随着转基因作物在全球的广泛种植，欧盟企业越来越难以获得非转基因产品，并且获取转基因产品的代价日益高涨。欧盟不出口任何转基因产品。

欧盟的转基因植物审批监管程序比出口国的耗时长得多；对未经批准的转基因作物采取零容忍政策，如果运往欧盟的货物含有微量未经欧盟批准的产品，这些货物就无法进入欧盟境内；使得在欧盟境外生产的一些转基因植物无法在欧盟销售，从而导致饲料价格上涨，欧盟畜牧和家禽行业失去竞争力且可能被进口肉类取代。为此，欧洲饲料生产商多次批评欧盟政策。

转基因作物接受程度存在显著的国别差异，欧盟成员国可以分为三类。第一类是接受转基因作物的国家，包括已经种植转基因作物的国家，以及如果欧盟允许扩大转基因植物种植范围的情况下愿意种植转基因作物的国家。这些国家的政府和行业大多数青睐生物技术。第二类是对转基因作物态度矛盾的国家，这些国家的科学界和农业专家愿意采用生物技术，而消费者和政府受到反生物技术极端主义的影响对生物技术持反对态度，因此支持者受到抑制，通常输给反对者。第三类是持反对态度的国家，这些国家的大多数利益相关者拒绝采用生物技术。

就市场而言，欧盟的总体形势如下：

（1）欧盟同时存在各种差异很大的农业形式，但是总体而言，大多数农民和饲料供应商都支持生物技术。

（2）由于欧盟消费者受到反生物技术极端主义持续负面宣传的影响，他们对生物技术的认知基本上是消极的。

（3）食品零售商根据消费者的认知销售产品。这只是非常粗略的描述，各个国家的具体情况差异很大。

2014 年，欧盟成员国就新的法规达成了政策性协议。该协议允许成员国禁止在境内种植非科学研究目的的转基因作物。该协议可能造成的影响是，反对生物技术的成员国禁止种植转基因作物能够获得明确的法律支持，但这些国家不大可能反对进口转基因作物。

在动物生物技术方面，欧盟积极开展医药和育种改良研究。欧盟不允许转基因动物的商业化，市场接受度比较低，原因是欧盟存在道德和动物福利方面的担忧。欧盟每年从美国进口大约 3 200 万美元的牛精液。2013 年末，欧盟委员会公布了立法提案，该提案禁止在欧盟境内为了生产食品进行动物克隆，并禁止进口克隆动物和销售克隆动物食品。

第二部分　植物生物技术

一、生产与贸易

（一）产品研发

欧盟积极从事植物生物技术研究，但是短期内不太可能有新的转基因植物商业化。欧盟在植物新育种技术的研发中发挥了主要作用，许多欧洲研究人员在植物生物技术领域享有盛誉。欧盟委员会在2011年的一份报告中指出，十年前欧盟机构就开始发布新植物育种技术文献，在已发表文献中占比达45%，处于世界领先地位，其中81%的文献来自公共机构，紧随其后的是北美地区，占比32%。但是，在技术专利方面，美国企业比欧盟机构更加积极，已有的有关新植物育种技术的专利中，65%的申请人来自美国，26%来自欧盟，欧盟的专利申请70%来自私营企业。

欧盟的公共机构和高校主要开展基础研究，不太重视产品研发。基础研究在未来五年内不大可能实现转基因植物在欧盟的商业化推广，而且大多数公共机构都无法负担高昂的欧盟监管审批成本。欧洲最主要的私营研发企业包括巴斯夫、拜尔作物科学公司、利马格兰集团和先正达集团等。因为反生物技术极端主义反复破坏试验田及欧盟审批流程的不确定性和延误，使得转基因投资失去了吸引力，私营企业研发适合欧盟种植的转基因植物品种的热情已经减退，将重点放在了欧洲以外的市场，他们大部分植物生物技术研究场所都在欧洲境外。

公私合作将是欧盟在植物生物技术研究领域的发展趋势。2013年，欧盟委员会联合研究中心（JRC）发布了一份评估植物育种行业满足欧盟生物经济需求潜力（生物经济这里包括食品、饲料、生物类产品和生物能源）的报告。该报告的结论认为，虽然私营植物育种行业以经济作物为重点，但对新品种投资不足，掌握的公共资源少，涵盖的部门不全；公私合作是一项积极的尝试，涵盖从基因组学到品种释放的所有研发阶段，有助于锁定次要作物的培育，研发还没有形成商机的重要新性状。2014年建立的生物行业公私合作机构旨在研发新生物精炼技术，将生物质能转化为生物类产品、材料和燃料。该组织计划在2014—2020年投入37亿欧元（其中25%为公共资金）研发资金，目标是到2030年用生物基、生物可降解化学品和材料取代至少30%的有机化学品和材料。生物技术是该公私合作项目的研究领域之一。

欧洲研发企业积极参与各种国际研究项目，包括小麦倡议组织（由公共机构和私营企业组成的国际联合机构，旨在协调全球小麦研究）、国际大麦排序联合机构（该组织旨在绘制大麦基因序列）和桃基因组倡议组织（该组织旨在绘制桃子的基因组序列）。2000—2010年，欧盟在植物生物技术领域各种研究项目中资助金额超过2亿欧元，重点研究转基因植物的环境影响、食品安全、生物材料和生物燃料，以及风险评估和管理。这些项目的综述参见欧盟委员会的出版物。

（二）商业化生产

欧盟唯一批准种植的转基因作物是转基因玉米（MON810、Bt玉米），这是一种抗欧洲玉米螟的玉米品种，主要用作动物饲料和生产生物燃料。长期来看，这种转基因玉米的种植总面积一直呈上升趋势，然而，2014年的转基因玉米种植面积为131 477公顷，比2013年略有降低，这是因为欧盟玉米种植总面积下降。

2014年共有5个成员国在种植Bt玉米，即西班牙、葡萄牙、捷克、罗马尼亚和斯洛伐克。其中，西班牙转基因玉米种植面积占欧盟转基因玉米种植总面积的90%左右，占西班牙玉米种植总面积的 30%。共有 9 个成员国全面禁止种植 MON810，其中奥地利、保加利亚、希腊、匈牙利、意大利和卢森堡 6 个国家一直没有批准种植，而法国、德国和波兰曾批准过种植。欧盟其他成员国虽没有禁止种植这种转基因玉米，但是因为各种原因实际并没有种植。欧盟各成员国 Bt 玉米种植面积见表 1-1。

表 1-1　欧盟各成员国 Bt 玉米种植面积（万公顷）

国家 ＼ 年份	2006	2007	2008	2009	2010	2011	2012	2013	2014
西班牙	5.37	7.51	7.93	7.97	7.66	9.73	11.63	13.70	13.15
葡萄牙	0.13	0.42	0.49	0.51	0.49	0.77	0.77	0.82	0.85
捷　克	0.13	0.50	0.84	0.65	0.47	0.51	0.31	0.26	0.18
罗马尼亚	0	0.03	0.71	0.34	0.08	0.59	0.02	0.08	0.08
斯洛伐克	0	0.09	0.19	0.09	0.13	0.08	0.02	0.01	0.04
法　国	0.52	2.21	0	0	0	0	0	0	0
德　国	0.09	0.27	0.32	0	0	0	0	0	0
波　兰	0.01	0.01	0.03	0.30	0.30	0.35	0.39	0.40	0
Bt 玉米总面积	6.25	11.04	10.51	9.86	9.13	12.03	13.15	14.87	14.30
玉米总面积	844	843	883	828	798	908	972	966	956
Bt 玉米占比	0.74%	1.31%	1.19%	1.19%	1.15%	1.27%	1.35%	1.54%	1.50%

数据来源：美国农业部对外农业局。

（三）进出口

欧盟不出口任何转基因产品，是全球主要的转基因大豆和玉米产品进口地区，主要用作饲料。欧盟的进口贸易数据并没有区分常规品种和转基因品种，但从大豆和玉米主要出口国中转基因成分的占比就可以看出端倪。2014 年大豆和玉米主要出口国中转基因产品占比见表 1-2。

表 1-2　2014 年大豆和玉米主要出口国中转基因产品占比（%）

国家	大豆	玉米
阿根廷	99	95
巴　西	91	82
加拿大	62	81
美　国	94	93
巴拉圭	96	—

数据来源：美国农业部对外农业局全球农业信息网报告。

1. 大豆产品进口　欧盟每年消费大约 4 200 万吨大豆产品，其中 80% 来自进口，即每年进口 3 000 多万吨大豆产品，主要来源于巴西、阿根廷和美国。大豆粕是欧盟进口的主要转基因产品，在过去 10 年里年均进口量达到 2 100 万吨，主要进口国是西班牙、德国、法国、意大利、比利时、荷兰和卢森堡，占到欧盟总消费量的 65%。

欧盟非转基因大豆粕需求量预计为大豆粕总消费量的 20%，主要用于有机产品、地理标志产品及各种非转基因标识产品，主要来源于本地出产的大豆、巴西和印度出口的大豆。随着全球转基因作物种植面积的不断扩大，欧洲进口商越来越难以获得非转基因产品，并且价格不断增长。2014 年初，由于非转基因大豆无法满足当前的市场需求，德国家禽业协会停止了长达 14 年的只使用非转基因大豆饲料的承诺。但是德国食品零售商要求农民在 2015 年初停止将转基因饲料用于饲养家禽。这成了德国家禽和畜牧业未来前景讨论中的一个重要方面。欧盟长期以来一直在争论大豆和大豆粕进口的依赖性问题。一些组织，如多瑙河黄豆协会，正在倡议推广国产非转基因大豆，但是目前欧盟的大豆和其他非转基因蛋白质作物的生产潜力与动物饲料需求总量相比，差距很大。欧盟大豆和大豆粕进口量见图 1-1 和图 1-2。

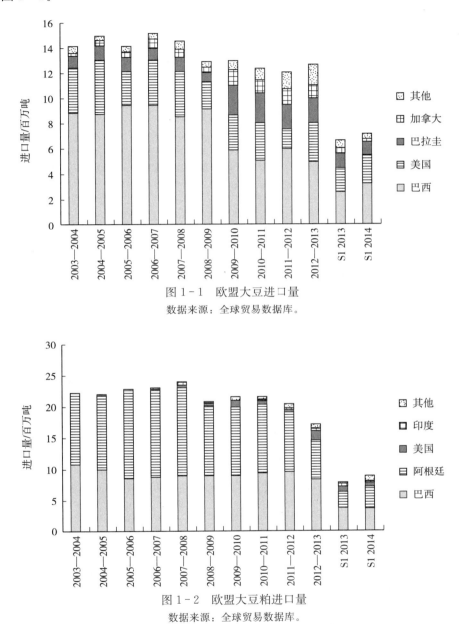

图 1-1　欧盟大豆进口量

数据来源：全球贸易数据库。

图 1-2　欧盟大豆粕进口量

数据来源：全球贸易数据库。

2. 玉米产品进口　欧盟平均每年消费玉米约为 6 200 万吨，其中大约 10% 来自进口，即每年平均进口 600 万吨玉米，转基因产品在玉米总消费量中占比低于 25%。在 1997 年之前，美国对欧盟的玉米年出口量为 200 万～400 万吨，但是 1997 年之后，美国的年出口量降到 40 万吨以下（少数年份除外）。主要原因是转基因产品的审批在美国和欧盟之间不同步，欧盟批准转基因产品平均需要 47 个月，而美国只需要 25 个月。过去几年里，乌克兰出口到欧盟的玉米增长显著，原因包括经济因素及乌克兰保持的非转基因产品形象。欧盟玉米进口量和美国向欧盟的玉米出口量见图 1-3 和图 1-4。

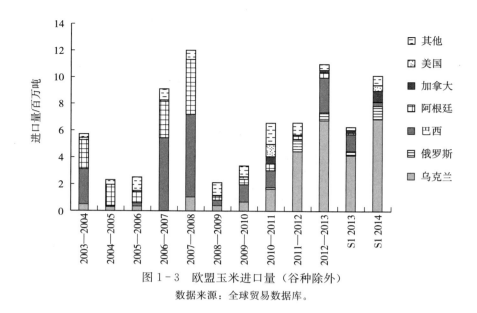

图 1-3 欧盟玉米进口量（谷种除外）

数据来源：全球贸易数据库。

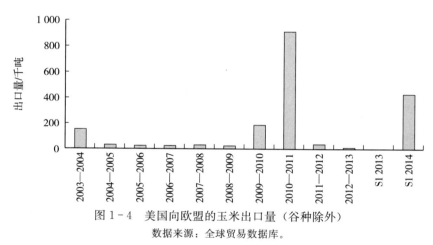

图 1-4 美国向欧盟的玉米出口量（谷种除外）

数据来源：全球贸易数据库。

美国是欧盟玉米酒糟、玉米黄浆饲料和玉米粕的最主要供应国，过去 10 年里平均市场份额高达 75%。当然每年的进口量会根据价格和欧盟转基因玉米新品种审批速度而变化。欧盟玉米酒糟、玉米黄浆饲料和玉米粕的进口量见图 1-5。

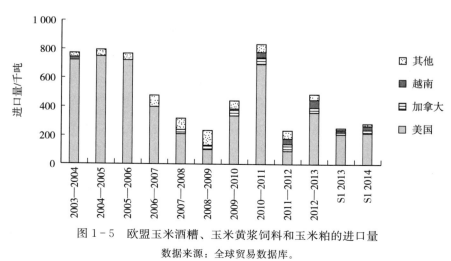

图 1-5 欧盟玉米酒糟、玉米黄浆饲料和玉米粕的进口量

数据来源：全球贸易数据库。

二、监管及审批

（一）监管原则

欧盟对转基因产品监管法规的三个指导原则是安全性、自由选择权（共存性、标识可追溯性）和个案审批。

（二）监管法规和主管部门

在欧盟范围内，转基因植物受到用于食品或饲料用途的进口、销售、加工和种植审批程序的监管。获得进口、销售或加工许可所需的程序在第（EC）1829/2003 号法规中列出，转基因植物种植许可必须遵守的程序在 2001/18/EC 指令中列出。

无论是转基因产品进口、销售或加工许可还是种植许可，欧洲食品安全局（EFSA）都必须对其安全性进行风险评估。欧洲食品安全局给予批准后，成员国对是否应该批准该产品做出政治决定。欧盟委员会健康和食品安全总局（DG SANCO）负责对后期风险管理进行评估。进口、销售或加工许可的评审草案提交给动植物食品和饲料常务委员会（SCoPAFF）转基因产品处；种植许可的评审草案提交给技术发展适应与转基因生物审慎环境释放指令执行委员会（监管委员会）。欧盟委员会联合研究中心和研究创新总局实施生命科学和生物技术研究计划。涉及的部门包括农业部、环境部、卫生部和经济部。

（三）欧洲食品安全局的职责

欧洲食品安全局的核心任务是独立评估转基因植物对人类和动物的健康及环境潜在的任何风险，欧洲食品安全局不授权转基因产品，其作用仅限于提出科学建议。欧洲食品安全局转基因生物专家组的主要职责如下。

1. 转基因食品与饲料应用风险评估　基于科学信息和数据审核，对转基因植物的安全性（根据 2001/18/EC 指令）和衍生食品或饲料的安全性〔根据第（EC）1829/2003 号法规〕提供独立科学建议。

2. 制定指导文件　制定介绍欧洲食品安全局的风险评估模式、确保工作透明度的指导文件，为企业提供编写申请书的指导。

3. 针对风险管理人的请求提供科学建议　例如，针对欧盟未批准的转基因植物，专家组提出与之安全性相关的科学建议。

4. 其他工作　专家组可以主动提出与转基因植物风险评估有关的需要进一步重视的科学问题。例如，专家组在有关转基因产品风险评估中编制了动物饲养试验的科学报告。

欧洲食品安全局专家组由来自欧洲各国的具有相关领域专业技能的 20 位风险评估专家构成，包括食品和饲料安全评估专家（主要研究食品与遗传毒理学、免疫学、食品过敏等）、环境风险评估专家（主要研究昆虫生态学和种群动态、植物生态学、分子生态学、土壤学、目标害虫生物体的抗性演变、农业对生物多样性的影响、农业经济学等），以及分子表征和植物学专家（主要研究基因组结构和演变、基因调节、基因组稳定性、生物化学和新陈代谢等）。他们的简历和利益声明刊登在欧洲食品安全局官方网站查询。欧洲食品安全局 2013 年的讨论文件提到了自 2012 年以来的社会和制度变化，列出了该局未来几年将要研究的一系列政策，其中有一项政策方案可能要将社会学结合到该局的工作中。

（四）可能影响与植物生物技术相关监管决策的因素

1. 公众的不信任　20 世纪 90 年代末，由于出现了疯牛病、石棉和污染血液等各种问题，一些成员国产生了负面民意，导致公众严重不信任政府，公众认为企业和公共机构为了保护经济利益或政治利益会忽视健康风险，各种反生物技术非政府组织乘机利用公众对政府的不信任大肆渲染并在网上传播。

欧盟委员会试图通过第（EC）178/2002号法规来弥补公信力的缺失，通过该法规明确了食品法律的总体原则和要求，并且建立了欧洲食品安全局。该法规规定在风险分析中采用预防原则，即"在具体情况下，如果对现有信息的评估中发现对健康的潜在有害影响，即使还不能确定，也必须运用更先进的科学技术进行更全面的风险评估，同时采用必要的临时风险管理措施，确保欧盟的高标准健康保护水平。"反生物技术成员国经常滥用这一原则，导致欧盟比其他国家需要更多的时间来审批转基因植物。

2. 欧盟委员会主席首席科学顾问　2010年，时任欧盟委员会主席巴罗佐设立了首席科学顾问一职，首席科学顾问可直接与欧盟委员会主席联系，提供有关科学技术和创新方面的建议。安妮·格罗夫教授是第一任首席科学顾问，他认为转基因食品和饲料的安全性和常规食品和饲料一样。

随着巴罗佐任期于2014年11月1日届满，首席科学顾问一职被取消。下一任欧盟委员会主席容克宣布于2015年1月解散欧洲政策顾问局，由欧洲战略政策中心（ECSP）取而代之。容克主席计划审核转基因产品审批立法，他认为根据当前的规则，即使大多数成员国反对，欧盟委员会在法律上仍必须授权新生物体的进口和加工，这样做是不妥当的。欧盟委员会对政府的大多数观点应给予至少与科学建议相同的重视，尤其是在涉及食品安全和环境安全的时候。欧盟现行法规（里斯本会议之后）已经授权欧盟委员会在上诉委员会没有给出明确意见时可以通过其提案。因此，容克对农业生物技术的态度仍然是重大关注点。

3. 健康和环境之外的因素影响　目前，欧盟立法中有关植物生物技术的"保护性条款"［第（EC）2001/18号法规第23条］允许成员国禁止在其境内种植转基因作物，前提是新科学证据表明种植这种转基因作物对环境、人或动物健康有害。奥地利、保加利亚、法国、德国、希腊、匈牙利、意大利和卢森堡已经援引"保护性条款"禁止了Bt玉米MON 810的种植。虽然欧洲食品安全局认定这些禁止措施没有科学依据，但欧盟委员会还是允许成员国继续执行这些禁令。因此，对于成员国滥用"保护性条款"的行为，欧盟委员会没有履行监督的职责。

2008年12月建立的环境委员会在欧盟部长理事会授权下，要求欧盟委员会向欧洲议会和部长理事会报告转基因植物种植的社会经济影响。由于多个成员国提出请求，欧盟委员会于2010年7月提出了"一揽子"提案来扩大成员国援引"保护性条款"的理由。之后的几届欧盟委员会对这些提案进行了审核。2011年7月，欧洲议会采纳了欧盟委员会提交的一系列提案的修订案，但在2012年3月建立的新一届环境委员会未能通过。2014年3月，环境委员会表示在欧盟主席折中方案的基础上重新讨论立法提案。之后，希腊担任主席的欧盟部长理事会多次召开了专门工作组会议。2014年6月12日，环境委员会几乎全票通过修订提案，随后欧洲理事会在初审时也通过了该修订提案。

在2014年12月3日举行的三方对话会议上，成员国和欧洲议会达成了共识，其中最重要一点是，反对转基因技术的成员国可以随时启动第一阶段或第二阶段，即成员国可以在申请或风险评估阶段通过欧盟委员会请求将其排除在种植申请范围之外，成员国也可以在转基因植物获得批准之后告知欧盟委员会因为科学之外的其他原因（如政策原因）需要禁止种植的获批的转基因作物。而此前欧洲理事会要求成员国首先使用第一阶段，如果在该阶段不能达成协议再使用第二阶段。此次三方对话立场打破了这个顺序关联。

（五）审批

针对转基因产品是用于欧盟境内的食品或饲料的进口、销售、加工还是种植，欧盟法规规定了详细的转基因产品审批流程。第（EC）1829/2003号法规规定了申请进口、销售或加工许可的审批流程，2001/18号法规规定了申请种植许可的审批程序。第（EC）1829/2003号法规允许企业对一种产品及其所有用途提交一份申请，实施一次风险评估，授予单一许可，但是种植许可仍然必须遵守第（EC）2001/18 号法规的规定。

1. 用于食品或饲料的转基因产品进口、销售和加工审批　申请人向成员国的相关国家主管部门提交申请，主管部门在收到申请后的 14 天内向申请人书面确认收到申请，并将申请转发给欧洲食品安全局。欧洲食品安全局收到申请后立即转交给其他成员国和欧盟委员会，并负责在网上公布申请文件等材料。欧洲食品安全局在收到有效申请后的 6 个月内给出申请受理意见，如果欧洲食品安全局或者成员国国家主管部门要求申请人提供补充信息，则 6 个月的时限顺延。欧洲食品安全局将受理意见提供给欧盟委员会、成员国和申请人，同时在网站上公布受理意见。受理意见公布后的 30 天内接受公众评议。在收到欧洲食品安全局受理意见后的 3 个月内，欧盟委员形成决策草案并提交给动植物食品和饲料常务委员会（SCoPAFF），后者对决定草案进行投票表决。2011 年 3 月 1 日后提交给动植物食品和饲料常务委员会的决定草案应遵守《里斯本条约》规定，它给予欧盟委员会更大的自由裁量权。即如果草案没有获得多数投票通过，欧盟委员会可以将修订草案或原始草案提交给上诉委员会（由成员国的高级官员组成），后者在收到草案后的 2 个月内进行投票表决。如果上诉委员会没有以特定多数方式投票通过或反对决定草案，欧盟委员会可以采纳或拒绝决定草案。里斯本会议之前，欧盟委员会有义务采纳决定草案。许可在整个欧盟境内有效，有效期为 10 年。在授权到期日前一年，授权持有人可以向欧盟委员会提出暂停 10 年的申请。授权暂停申请必须提供授权以来的安全评估和消费者或环境风险评估的新信息。如果在授权到期日之前没有对授权暂停做出决定，授权期自动暂停，直到做出决定。欧盟委员会网站上公布了获得许可的清单，而欧洲食品安全局的网站上提供等待授权更新的转基因产品清单（图 1-6）。

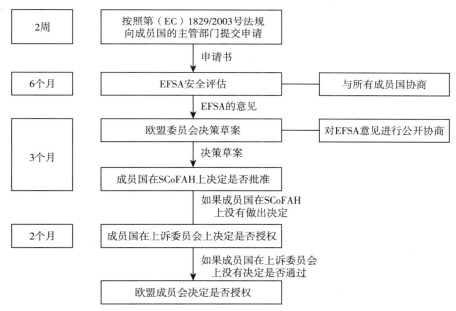

图 1-6　用于食品或饲料的转基因产品进口、销售和加工审批流程

数据来源：全球贸易数据库。

2. 转基因作物种植审批　转基因作物的种植必须获得每个成员国的相关主管部门的书面许可。授权程序如下：申请人将申请提交给计划进行环境释放的成员国相关国家主管部门。成员国主管部门在 30 天内通过信息交换系统将申请的总结发送给欧盟委员会。欧盟委员会必须在收到通知总结后的 30 天内将其转交给其他成员国。其他成员国在 30 天内通过欧盟委员会或者直接提交观察结果。各国家主管部门在 45 天内评估其他成员国的意见。如果这些评价不符合国家主管部门的科学意见，则将分歧提交给欧洲食品安全局，该局在收到文件后的 3 个月内给出意见。欧盟委员会然后将反映欧洲食

品安全局意见的决定草案提交给监管委员会（"技术发展适应与转基因生物审慎环境释放指令执行委员会"）进行投票表决。

与转基因作物上市审批一样，2011 年 3 月 1 日后提交给监管委员会的决策草案应遵守《里斯本条约》规定，它给予欧盟委员会更大的自由裁量权。即监管委员会如果没有以特定多数方式投票通过草案，欧盟委员会可以将修订草案或者原始草案提交给上诉委员会（由成员国的高级官员组成）。如果上诉委员会在收到草案后的 2 个月内没有以特定多数方式投票通过或反对决定草案，欧盟委员会可以采纳或拒绝决定草案。而里斯本会议之前，欧盟委员会有义务采纳决定草案。欧盟委员会网站上提供许可产品的完整清单。欧洲食品安全局的网站上提供待决的环境释放授权的清单（图 1-7）。

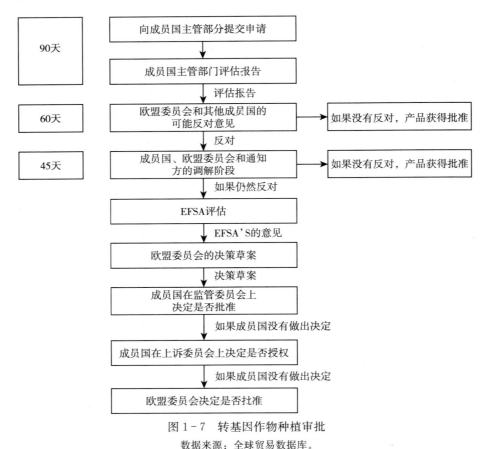

图 1-7　转基因作物种植审批

数据来源：全球贸易数据库。

3. 复合性状的审批　复合性状的审批流程与单一性状审批流程相同，风险评估遵循第（EC）503/2013 号法规附录 2 的规定。申请人应提供每一种性状的风险评估结果或者已经提交的申请。复合性状的风险评估还应包括：①性状稳定性评估；②性状表达评估；③性状之间的潜在相互作用评估。

4. 审批时间　虽然依据法律规定，欧盟的审批流程耗时大约 12 个月，但是欧盟转基因产品通常需要 47 个月才能获得批准。欧洲食品安全局给出最初意见后，通常需要 4 个月以上的时间，欧盟委员会将最初意见纳入决策草案中供成员国投票表决，平均需要等待 10 个月，而不是规定的 3 个月。相比之下，巴西和美国的审批平均用时 25 个月，韩国用时 35 个月。

每年向欧盟提交的申请数量远超过做出审批决定的数量，导致越来越多的申请被积压。截至 2014 年 12 月，有 58 项申请等待批准。欧盟畜牧业依赖转基因饲料进口，尤其大豆产品是进口到欧盟的最主要农产品，审批延误给贸易造成了风险。

2013 年 6 月欧盟委员会发布第（EC）530/2013 号法规，该法规明确了转基因审批申请要求，但是其中的规定超越了《食品法典植物指南》中规定的安全评估模式，或者与之相矛盾，将导致转基因审批的进一步延误，给出口商造成了额外负担。该法规规定的审批时间表见图 1-7。

5. 审批状况　获批的转基因产品清单和正在审批的转基因产品清单均可在欧盟委员会网站获得。欧洲食品安全局网站也公布了正在审批的转基因产品清单。

截至本报告发布时，欧盟只批准一种转基因植物，即 Bt 玉米 MON 810 的种植，批准了 60 个转基因产品进口用于食品或饲料加工，包括玉米品种 37 个、棉花品种 8 个、大豆品种 7 个、油菜籽品种 5 个、甜菜品种 1 个和微生物 2 种。

2014 年共有 11 个成员国进行了开放性的田间试验，即比利时、捷克、丹麦、匈牙利、爱尔兰、荷兰、罗马尼亚、斯洛伐克、西班牙、瑞典和英国；试验植物包括苹果、大麦、玉米、棉花、亚麻、豇豆、抗李树痘病毒的李树、杨树、甜菜、马铃薯、烟草、番茄和小麦。葡萄牙曾经批准过开放性的田间试验，但是 2010 年以后没有进行过开放性田间试验。法国和德国也曾经批准过田间试验，但是 2014 年后没有进行过田间试验，原因是反生物技术极端主义在过去几年里反复破坏试验田。一些从事研究的机构把田间试验转移到反生物技术极端主义不大可能破坏试验田的国家。

（六）种植的额外要求和共存

除西班牙外，欧盟其他成员国要求种植转基因作物的农民必须向政府登记他们的农田位置，这一规定导致有些国家的农民不愿意种植转基因作物，因为反生物技术极端主义可以利用农田登记信息来破坏种植的转基因作物。

欧盟没有制定转基因植物与常规作物和有机作物的共存法规，而是由成员国主管部门自行制定。欧洲共存局（ECB）为成员国举办有关共存方面的最佳农业管理实践科学技术信息交流会。在此基础上，欧洲共存局针对具体作物制定共存措施的指导准则。

欧盟大多数成员国都采纳或者正在制定共存法规，除西班牙外的其他种植转基因作物的国家都已经颁布了共存法规，而西班牙的共存性按照国家育种协会制定的优良农业实践进行管理。有些地区（如比利时南部和匈牙利）的共存规则限制性很强，严重影响转基因作物的种植。英国的共存规则在种植转基因作物时执行。法国已经颁布了多项共存法规，但是转基因作物和其他农田之间的距离还没有明确。

（七）标识

1. 转基因产品强制标识和豁免　为了确保消费者知情权，第（EC）1829/2003 号法规和第（EC）1830/2003 号法规要求采用转基因的食品和饲料必须加贴转基因标识。这些法规适用于欧盟境内生产的产品及从第三国进口的产品。散货和原料及包装食品和饲料都必须加贴标识。但欧盟也规定了以下产品无需遵守标识要求：转基因饲料饲养的动物产品（肉类、乳制品、蛋类）；转基因成分含量不超过 0.9% 的产品，前提是此种转基因成分是无意混杂到产品中，或者技术上无法避免；不属于第（EC）2000/13 号法规第 6.4 条定义的配料产品，如转基因微生物产生的食品酶。

实际上，消费者很少在食品上看到转基因标识，因为许多生产商把转基因成分含量控制在 0.9% 以内，他们担心产品加贴转基因标识后不能得到市场认可。

2. 自愿"非转基因生物"标识体系　法国、德国和奥地利的政府允许自愿"非转基因生物"标识。有一些食品生产商和零售商在产品上标识"非转基因生物"，然而，这些产品占到欧盟境内销售产品的一小部分，这些标识主要贴在动物产品（肉类、乳制品和蛋类）、甜玉米罐头和大豆产品上。

（八）监测和预警体系

1. 针对食品或饲料用途转基因生物环境影响的强制监测计划　第（EC）2001/18 号法规和第（EC）1829/2003 号法规规定：上市许可的申请必须包含环境影响监测计划，监测时间可以不同于建议时期。某些情况下，申请必须包含有关食品或饲料用途的转基因生物上市后的监测建议书。上市后，申请方应确保按照规定实施监测，并将监测报告应提交给欧盟委员会和成员国的主管部门。收到报告的主管部门可以在首次监测期后修改监测计划。监测结果必须公研发布。授权有效期为 10 年，授权更新申请时必须包括监测结果报告等内容。

2. 食品饲料快速预警体系　欧盟建立了食品饲料快速预警体系（RASFF），用于报告食品安全问题（图 1-8）。RASFF 成员包括欧盟委员会、欧洲食品安全局、各成员国，按照 RASFF 的流程，成员获得有关食品或饲料对人体健康风险的任何信息，应立即将该信息发送给其他成员。RASFF 的成员国应立即通告旨在限制饲料或食品上市的任何措施，以及边防检查站采取的与人体健康风险有关的阻止入境措施。通告发布在 RASFF 体系的门户网站上，大多数通告都涉及入境点或边境检查点的控制措施。

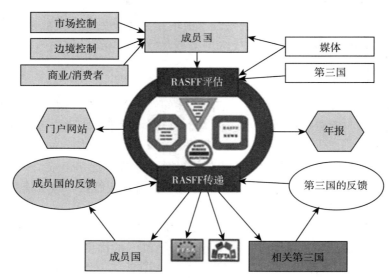

图 1-8　食品饲料快速预警体系（RASFF）信息流

数据来源：欧盟食品和饲料快速预警系统 2013 年度报告。

2014 年 1 月和 10 月期间，由于存在未经许可的转基因产品，发生了 11 次禁止入境事件，主要是来自科特迪瓦的棉籽和来自中国的水稻产品（2011/884/EU 决定要求对来自中国的水稻产品的基因改性进行系统性筛查）。

（九）知识产权

1. 植物品种权利和专利之间的比较　欧盟建立多个与植物发明相关的知识产权体系，表 1-3 比较了植物品种权利和专利之间的差别。

表 1-3　欧盟植物品种权利与专利权比较

比较项目	植物品种权利	专　利
授权对象	植物育种家的权利涵盖由其全基因组或基因复合物定义的植物品种	专利包括技术发明。可授予专利的要素包括植物，不是一个单独的品种，可用来培育更多的特定植物品种，在声明中没有提到具体植物品种 从自然环境中分离或采用技术方法形成的生物材料（如基因序列）等（即使它以前在自然界发生过） 微生物过程及其产品 技术过程。植物品种和生产动物植物的基本生物过程不可申请专利

（续）

比较项目	植物品种权利	专利
应符合的条件	申请品种与其他品种有明显区别，而且特征统一和稳定	专利只能授予新的、具有创造性、易于工业应用的发明
保护范围	单一品种及其衍生品种在欧盟境内受到保护	具有发明专利的所有植物在欧盟境内受保护
豁免	育种家可以自由使用受保护的品种做进一步育种，也可以对新品种（衍生品种除外）进行商业化 生产者符合某些条件时，可以选择使用农场自留的种子	在欧盟范围内，植物的所有使用都受到保护
保护时间	自发布之日起 25 年，但有些植物保护期为 30 年，如树木、藤类植物、马铃薯和豆类等	申请之日起 20 年
负责机构	欧盟植物新品种保护局（CPVO）	欧洲专利局（EPO）
申请数量	2013 年，欧盟植物品种局收到了大约 3 300 项申请，其中 198 项申请（6%）是美国公司提交。超过 80% 的申请被批准。该局没有给出转基因品种的具体数据	欧洲专利局每年收到 500～800 份有关植物生物技术的申请 授予的植物专利中，95% 与生物技术有关，包括性状改良植物（营养改良、抗旱、高产、抗虫和抗除草剂）、作为生物反应器的植物（生产疫苗和抗体）和培育新植物的方法 其中，39% 来自美国，42% 来自欧洲（主要是德国、英国、比利时和法国）。但总的来说，授予的生物技术专利不到 1/3 欧洲专利局授予的专利中有 5% 以上遭到反对，主要是专利持有人的竞争者反对，但也有个人、非政府组织或特殊利益团体的反对
法律依据	欧盟植物新品种保护局网站公开了所有现行立法，包括植物品种权条例第（EC）2100/94 号法规 《国际植物新品种保护公约》（UPOV 公约）网站提供了公约文本，以及按照该公约已经通告的成员国的法律法规	在欧盟授予生物技术发明专利的法律依据包括《欧洲专利公约》（EPC）是所有成员国批准的国际条约，为欧洲专利局授予专利提供法律框架 欧洲专利局申诉委员会的判例法是对欧洲专利公约的解释 生物技术发明法律保护 1998/44/EC 指令，该指令自 1999 年以来已在 EPC 中实施，可作为解释的补充手段 执行 EPC 和 1998/44/EC 指令的国家法律（自 1989 年以来已在所有成员国中实施）

2. 国际组织对植物品种权利和专利立场 国际种子联盟（ISF）认为最有效的知识产权体系应该是平衡保护，因为创新和获取的激励机制可以使其他参与者进一步改良植物品种，ISF 赞成植物品种权利。

代表欧洲种子行业的欧洲种子协会（ESA）支持专利和植物品种权利共存。ESA 还支持将植物品种和实质生物过程排除在专利权之外。此外，ESA 认为，免费获取的所有植物遗传物质做进一步繁殖必须得到保护，因为法国和德国专利法通过的扩展研究豁免就是如此。

（十）贸易壁垒和国际公约

1. 非同步审批 欧盟转基因植物审批监管程序用时显著长于出口国。欧盟在 2013 年批准了 5 项进口申请，此后没有批准任何进口申请。截至 2014 年底，12 项食品和饲料进口申请已通过欧洲食品安全局安全评估，1 项种植申请仍然没有获得欧盟专员团的批准。审批速度差异导致在欧盟境外批准商业化的产品不能及时得到欧盟的销售许可，出口到欧盟的农产品因为检测到微量未经批准的转基因成分而被拒绝入境。欧洲饲料生产商和谷物与饲料贸易商多次批评欧盟审批流程的冗长，这导致富含蛋白质的产品贸易中断及价格上涨，而欧盟的动物饲料行业对这些产品需求旺盛。并且异步审批的影响被欧盟的低水平混杂政策强化。

2. 国家禁令 一些成员国根据保障条款的规定禁止转基因作物的种植、进口和加工。虽然欧洲食品安全局认为其中一些禁令缺乏必要的科学依据。有些国家的禁令多次被取消但随后又立即重新执行，政府每次都对转基因植物禁令给出一个新理由。为解决这个问题，欧盟讨论了"选择退出"提案。表 1-4 为欧盟成员国禁止的转基因产品。

表 1-4　欧盟成员国禁止的转基因产品

国家	禁止的品种	范围	禁令日期
奥地利	拜尔 T25 玉米	种植	2000 年（2008 年修订）
	孟山都 MON810 玉米	种植	1999 年（2008 年修订）
	孟山都 GT73 油菜籽	进口/加工	2007 年（2008 年修订）
	孟山都 MON863 玉米	进口/加工	2008 年
	拜尔 Ms8 油菜籽	进口/加工	2008 年
	拜尔 Rf3 油菜籽	进口/加工	2008 年
	拜尔 Ms8XRf3 油菜籽	进口/加工	2008 年
	巴斯夫 Amflora 马铃薯	种植	2010 年
保加利亚	孟山都 MON810 玉米	种植	2010 年
法国	拜尔油菜籽 Topas 19/2	进口/加工	1998 年
	拜尔 MS1XRf1 油菜籽	进口/加工	1998 年
	孟山都 MON810 玉米	种植	2008 年、2012 年、2014 年
德国	先正达 Bt176 玉米	种植	2000 年
	孟山都 MON810 玉米	种植	2009 年
希腊	拜尔油菜籽 Topas19/2	进口/加工	1998 年
	先正达 Bt176 玉米	种植	1997 年
	孟山都 MON810 玉米	种植	2001 年
	拜尔 T25 玉米	进口/加工	1997 年
	拜尔 MS1XRf1 油菜籽	进口/加工	1998 年
	孟山都 MON810 玉米	种植	2010 年
匈牙利	孟山都 MON810 玉米	种植	2005 年
	巴斯夫 Amflora 马铃薯	种植/饲养	2010 年
意大利	孟山都 MON810 玉米	种植	2013 年
卢森堡	先正达 Bt176 玉米	种植	1997 年
	孟山都 MON810 玉米	种植	2009 年
波兰	孟山都 MON810 玉米	种植	2013 年

3.《卡塔赫纳生物安全议定书》《生物多样性公约》是 1992 年在里约地球问题首脑会议上公开签署的多边条约。它有 3 个主要目标：生物多样性的保护、生物多样性组成部分的可持续利用及公平和公正地分享利用遗传资源所产生的利益。

后又通过了 2 项补充协议：《卡塔赫纳生物安全议定书》（2000 年）和《遗传资源获取及利用遗传资源所产生惠益公平公正分享问题名古屋议定书》（2010 年）。

《卡塔赫纳生物安全议定书》旨在确保改性活生物体的安全处理、运输和使用。欧盟于 2000 年签署了该议定书，并于 2002 年批准实施。主管部门是欧盟委员会联合研究中心（JRC）、欧洲食品安全局转基因生物委员会、欧盟委员会环境总局和欧盟委员会卫生与消费者总局。第（EC）1946/2003号法规规定了转基因生物的跨境运输，是落实《卡塔赫纳生物安全议定书》的欧盟法律。跨境运输转基因生物的程序包括通知进口方、向生物安全资料交换所提供信息、鉴定随附文件。

4. 《名古屋遗传资源获取议定书》 旨在以公平的方式共享利用遗传资源产生的利益，包括获取遗传资源及转移的相关技术。欧盟于 2011 年签署该议定书，并制定了第（EC）511/2014 号法规，于 2014 年 10 月生效。根据该法规，用户必须确定他们的遗传资源获取和使用符合规定，这就需要查询、保存和传播获取遗传资源的信息。代表欧洲种子部门的欧洲种子协会认为，创制植物品种中使用的遗传资源数量非常多，这将会造成沉重的负担，使大多数的小企业无法执行该法规。

5. 国际公约/论坛 欧盟各成员国在生物技术国际论坛上基本发表相似的立场。欧盟及 28 个成员国都是食品法典委员会的成员。欧盟委员会在食品法典委员会中代表欧盟，欧盟卫生与消费者总局是联络点。欧盟及其成员国就食品法典委员会上讨论的议题拟定了欧盟立场文件。欧盟发布的与生物技术有关的立场声明书是 2011 年对转基因食品标识做出的评价。该声明书指出，欧盟政策旨在满足欧洲消费者的需求，但无意向世界其他国家和地区强加转基因标识要求。

所有成员国都签署了《国际植物保护公约》（IPPC），这项国际条约旨在防止传播和引入植物和植物产品的有害生物，促进采取适当措施对它们予以控制。欧盟委员会卫生与消费者总局是 IPPC 欧盟的官方联络点。欧盟近期对 IPPC 中有关植物生物技术的议题没有表明任何立场。

2011 年，法国主持了二十国集团会议，把农业列入部长级讨论的重要议题。二十国集团农业部长会议在巴黎举行。他们一致通过的宣言呼吁"改进农业技术"和"创新植物育种"以"提高农业生产和生产力"。其中，包括植物生物技术。二十国集团创建了"小麦倡议"组织，这是一个集公共机构和私营公司于一体的国际组织，旨在协调全球小麦研究，该组织于 2013 年发布了愿景文件。

欧盟委员会资助了为期 3 年、耗资 600 万欧元（750 万美元）的"转基因生物风险评估与证据沟通"项目（GRACE），该项目将评估转基因植物对人和动物健康、环境及经济的影响，并发布转基因植物及其衍生食品和饲料的风险效益评估结果。GRACE 将以透明的方式，按照明确定义的科学质量标准，对现有研究进行评估，特别是动物饲养研究。

6. 低水平混杂政策

（1）联合国粮农组织有关低水平混杂政策的协商。过去 20 年，全球转基因作物种植面积的稳步增长，食品和饲料的贸易中出现越来越多的微量转基因作物无意混杂事件，导致贸易中断、货物被进口国销毁或者退回。2014 年 3 月，联合国粮农组织就国际食品和饲料贸易中存在的低含量转基因作物混入举行了一次技术协商会议。会上考虑了两类事件：一类是低水平混杂（LLP），指食品和饲料贸易中检测到低水平含量的已经在至少一个国家获得批准但在进口国没有获得批准的转基因作物，大多数事件与异步审批有关；另一类是无意混杂（AP），指食品和饲料贸易中混入了没有在任何国家中获得批准的转基因作物。

联合国粮农组织调查结果显示，相对于每天交易的数百万吨食品和饲料而言，这两类事件发生次数相对较小。75 个国家参与了这次调查，从 2003—2013 年的 10 年间，共报告了 198 次低水平混杂或无意混杂事件，主要来源于美国（27%）、加拿大（27%）和中国（23%）。最受影响的是水稻和水稻产品（70 次事件）、亚麻籽（52 次事件）和玉米（29 次事件），而大豆和大豆产品在 10 年中只发生了 10 次无意混杂事件。39% 的参与调查国家规定了低水平混杂的阈值，而 61% 的国家没有规定阈值。

（2）欧盟的低水平混杂政策。2009 年秋，美国约 18 万吨大豆因含有 3 种微量转基因玉米而被拒绝进入欧盟市场，因为欧盟尚未批准这些转基因玉米用于粮食、饲料或进口，但在美国已获准用于上述目的。这一事件促使欧盟委员会提出饲料中允许含有的未经欧盟批准的转基因成分含量设定 0.1% 阈值的建议，这就是大家熟知的"技术解决方案"。然而，"技术解决方案"所允许的 0.1% 阈值太低，不具有商业可行性。欧盟委员会在 2011 年承诺评估该决定对食品链、饲料链的影响，但进展很慢。据了解，目前欧盟委员会正在招标评估顾问。欧盟委员会表示将采取"分步"模式解决低水平混杂问题。因为已经对饲料低水平混杂设置了阈值，下一步欧盟将对食品、种子中的低水平混杂采取相同的解决方案。

2012 年 9 月，13 个国家签署了《国际低水平混杂声明》，作为共同解决贸易风险举措的一部分。签署国包括澳大利亚、阿根廷、巴西、加拿大、智利、哥斯达黎加、墨西哥、巴拉圭、菲律宾、俄罗斯、美国、乌拉圭和越南，这些国家承诺继续合作解决最重要的转基因产品异步审批问题，同时试图减轻粮食和饲料中低水平混杂问题的影响。欧盟没有签署该声明书。审批节奏慢及缺乏商业上可行的低水平混杂政策给美国对欧盟的常规产品和转基因产品出口造成了压力。

三、销售和市场

欧盟各成员国对转基因作物接受程度存在显著差异，可以分为三大类。

一是接受植物生物技术的国家，包括 Bt 玉米生产国（西班牙、葡萄牙、捷克、斯洛伐克和罗马尼亚），以及有可能生产转基因植物的成员国（丹麦、爱沙尼亚、芬兰、比利时、荷兰、瑞典和英国）。这些国家通常对生物技术采取开放的态度。

二是对转基因作物态度矛盾的国家，这些国家的科学界、农民和饲料行业愿意采用生物技术，但是消费者、政府和非政府组织拒绝采用。其中，法国、德国和波兰曾种植过 Bt 玉米，但后来实施了种植禁令，而且德国越来越反对采用农业生物技术。比利时、保加利亚、爱尔兰和立陶宛受法国和波兰等周边国家的影响较大。

三是反对生物技术的国家，包括奥地利、克罗地亚、塞浦路斯、希腊、匈牙利、意大利、马耳他、斯洛文尼亚和拉脱维亚。这些国家大多数利益相关方都拒绝采用生物技术，政府通常支持有机农业和地理标志。

（一）欧盟的大多数农民和饲料供应商支持农业生物技术

欧盟是主要的转基因产品进口国，进口的转基因产品主要用作饲料。因此，转基因产品的市场接受程度在动物生产行业及其饲料供应链中比较高，牲畜和家禽饲养者的接受程度也比较高。欧洲进口商和饲料生产商多次批评欧盟政策（冗长的审批流程、缺乏商业上可行的低水平混杂政策），认为欧盟的政策会导致饲料短缺、价格上涨和养殖行业失去竞争力，产品因此被进口产品所取代。

由于转基因品种的产量高及投入成本较低，欧盟大多数农民都支持种植转基因品种。如果允许的话，多数农民会选择种植转基因作物。目前阻止他们这样做的主要因素如下。

1. 2014 年欧盟授权批准种植的转基因作物只有一个，并且 9 个成员国对该作物实施了全国禁令。

2. 极端主义的抗议或破坏威胁。大多数成员国都有详细记载大规模种植转基因作物地点的公共农田登记，极端主义会根据这些信息对种植的作物进行破坏。

（二）消费者对转基因产品的认知基本上是负面的

近 20 年，欧洲消费者一直在受到非政府组织负面的宣传影响，对转基因产品基本上持反对态度，转基因作物在食品中的应用已经成了一个高度争议的政治化议题。在种植转基因作物的欧洲国家（如西班牙），消费者对转基因作物的认知较好，他们更看重转基因作物的好处。但是随着生物技术的发展，为消费者提供营养或其他益处的转基因作物、新植物育种技术（如被认为比转基因技术更加"自然"的同源转基因技术）及具有环境效益的转基因作物，有可能开始改变消费者的认知。2010 年欧盟委员会进行的一项民意调查表明，20 世纪 90 年代的生物技术信任危机已经不再处于主导地位，如今欧洲公民更加重视生物技术，了解技术的安全性和实用性，并不拒绝技术创新。

（三）食品零售商根据消费者认知销售商品

欧盟批准了用于食品用途的 40 多种转基因植物。然而，由于消费者的负面认知，大多数食品零售商（尤其是大型超市）只好将这些产品作为非转基因产品销售，他们担心反对转基因的极端主义针对销售贴有转基因标识的产品采取行动。各国情况存在差异，如英国越来越多贴有转基因标识的产品成功实现了销售。

欧盟进行了"消费者选择"调查研究项目，旨在研究个人购买意图与实际行为的比较，结果表明，消费者个人购买意图与实际购买行为并不一致。实际上，大多数消费者并不避免购买贴有转基因标识的产品。

（四）民间组织、公共机构的意见

欧盟的民间组织从一开始就反对生物技术，他们游说主管部门、蓄意破坏研究试验田和种植转基因作物的农田，通过虚假宣传来加深公众的担忧，以实现其政治目的。支持转基因植物的科学家和农业专家在公众中的认知度低于生物技术反对者，公共研究机构在公众中的认知度也不高。

第三部分　动物生物技术

一、生产与贸易

（一）产品研发

进行动物转基因技术研究的成员国包括奥地利、比利时、捷克、丹麦、法国、德国、匈牙利、意大利、荷兰、波兰、斯洛伐克、西班牙和英国。其中，大多数国家都进行用于医疗和医药的转基因动物研发，包括异种器官移植及药用蛋白质、酶等，还有一些国家利用动物生物技术来改良动物育种，如高产绵羊、高产奶牛、基因组学猪、抗禽流感鸡等。

英国某公司正在研发转基因昆虫来解决人类健康问题和农业问题。例如，作为生物控制措施研发的橄榄蝇，保护橄榄树不受虫害。2014 年，该公司在巴西设立了一家对抗登革热转基因蚊子的生产厂，并且向美国农业部动物卫生检查局申请在美国实施转基因小菜蛾的现场研究。

英国爱丁堡罗斯林研究所于 1996 年培育出克隆羊多莉，又于 2013 年宣布通过基因编辑技术创造了一种抗非洲猪瘟病毒的转基因小猪 Pig26。基因编辑技术与自然基因突变非常近似，因此这种猪与自然基因突变产生的动物并无二致。此外，基因编辑技术不含有抗生素抗性基因。罗斯林研究所正运用基因编辑技术增强牲畜对传染病的抵抗力，如抗禽流感鸡。

（二）商业化生产

欧盟还没有向欧洲食品安全局提交转基因动物环境释放或产品上市的申请，也没有商业化生产的转基因动物和克隆动物生产的食品。一家法国公司与意大利企业合作克隆了运动良种马匹。

（三）进出口

欧盟不出口任何转基因动物。美国是欧盟猪精液的主要供应国之一，在欧盟的市场份额与加拿大平分秋色。图 1-9 为欧盟猪精液进口额。

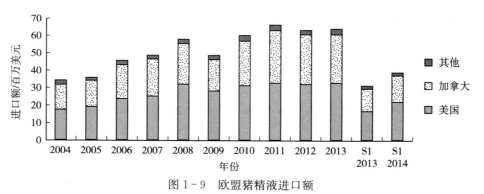

图 1-9　欧盟猪精液进口额
数据来源：全球贸易数据库。

二、动物生物技术的政策

（一）政府监管部门

欧洲动物生物技术监管机构包括欧盟委员会健康与消费者总局（DGSANCO）、欧盟理事会，以及欧洲议会中的环境委员会、公共卫生委员会、食品安全委员会（ENVI）、农业与农村发展委员会（AGRI）和国际贸易委员会（INTA）。

（二）法律法规

欧盟的转基因动物监管框架与转基因植物监管框架相同。2012 年，欧洲食品安全局发布了转基因动物食品和饲料风险评估和动物健康与福利方面的指南。2013 年，欧洲食品安全局发布了转基因动物风险评估指南。该指南涉及转基因鱼类、昆虫、哺乳动物和鸟类对动物与人体健康和环境的潜在影响评估。申请人必须考虑转基因动物的稳定性和入侵性，包括纵向基因转移、水平基因转移、转基因动物与目标和非目标生物体的相互作用，以及转基因动物对环境的影响、对人与动物健康的影响。欧盟委员会于 2013 年 12 月发布了有关动物克隆和新型食品的新立法提案，禁止以养殖为目的进行动物克隆。

1. 动物克隆立法提案　目前，源于克隆动物的食品（而非来源于克隆动物的后代）受到有关新型食品的第（EC）258/97 号法规的管辖。2011 年，该法规的修订提案未获批准，欧盟委员会开始提出新的动物克隆立法提案。这些提案将禁止以养殖为目的的动物克隆，允许为了研究、保护稀有品种和濒危物种，或者用于药品和医疗器械研发进行动物克隆。提案没有涉及克隆动物的后代及源自后代的产品，未来可能会要求对克隆动物后代的肉类产品加贴标识，农业总局负责提交有关标识对欧盟境内肉类市场和肉类进口的影响报告。

2. 新型食品法规提案　欧洲议会成员詹姆斯·尼克尔森起草了欧盟委员会新型食品法规提案的报告，其他欧洲议会成员必须在 2014 年 10 月 17 日之前对该报告提出修订建议。他们总共提出了 486 项修订建议，其中一些建议与动物克隆有关。许多欧洲议会成员希望在动物克隆立法颁布前，新型食品法规中引入对源自克隆动物及其后代的食品禁令。但是，有些欧洲议会成员认为动物克隆问题争议太大，无法纳入新型食品提案中，建议对动物克隆单独立法管理。欧盟委员会提出了动物克隆立法和新型食品法规平行提案，即动物克隆立法颁布前，源自克隆动物（而非其后代）的食品受到新型食品法规的监管。

3. 风险评估报告与动物福利　2008 年，欧洲食品安全局第一次风险评估认为，没有迹象表明健康克隆动物或其后代生产的食品不同于常规饲养的动物产品，也不会造成任何新的或额外的环境风险。同年，欧洲科学与新技术伦理组织提交给欧盟委员会的年报强调了克隆动物的福利问题。2012 年欧洲食品安全局发布的进一步声明对之前的报告作了补充，重点强调克隆动物的健康和福利。2012 年欧洲食品安全局的更新报告重申了衍生食品产品的安全性，也强调了动物健康和福利问题。

（三）影响监管决策的因素

影响动物生物技术监管决策的利益相关方包括动物福利非政府组织、本地食品团体、生物多样性倡导者和消费者协会。

（四）标识和可追溯性

第（EC）1829/2003 号法规和第（EC）1830/2003 号法规要求对转基因动物食品和饲料必须加贴转基因标识。按照第（EC）258/97 号法规新型食品法规的规定，克隆动物产品的标识要求取决于食品是否被视为不同于常规动物生产的食品，如果科学评估证明存在差异，则标识必须确保消费者了解新型食品或食品配料不同于现有食品或食品配料的食品特征或属性。

（五）贸易壁垒

由于伦理和动物福利问题，贸易壁垒主要是公众和政界反对动物生物技术。

（六）知识产权

转基因动物专利立法框架与转基因植物专利立法框架相同。以下对象不授予欧洲专利。

（1）动物品种。

（2）动物诊断和治疗方法

（3）改变动物遗传特性的过程，以及通过这些过程产生的动物。

（七）国际公约/论坛

欧盟及其 28 个成员国是食品法典委员会的成员。食品法典委员会设有多个工作组并且制定了转基因动物指导准则，如源于转基因动物的食品安全评估实施指南。欧盟及其成员国就食品法典委员会讨论的议题拟定了欧盟立场声明书。有关生物技术的最新立场声明书是 2011 年转基因食品标识意见书。食品法典委员会秘书处位于意大利联合国粮农组织总部。

世界动物卫生组织（OIE）颁布了一些克隆动物使用指南。欧盟委员会积极参与该组织的工作，组织欧盟成员国提供意见和建议。

欧盟的 28 个成员国中有 21 个成员国都是经济合作与发展组织（OECD）的成员，OECD 建立了多个工作组并制定了生物技术政策指导准则。OECD 和 OIE 的总部设在法国巴黎。

欧盟是《卡塔赫纳生物安全议定书》的签约方，该议定书旨在确保改性活生物体的安全处理、运输和使用。

三、动物生物技术的市场接受度

公众对动物生物技术认知度很低。由于对伦理和动物福利方面的担忧，政策制定者、行业和消费者对动物生物技术的市场接受度都比较低。欧盟畜牧业不支持克隆动物或转基因动物商业化，但是对动物基因组学和用于动物育种的标识选择感兴趣。

（一）公共机构/私营机构意见

欧盟的一些科研机构积极参与动物生物技术研究。还有一些组织强烈反对生物技术，包括动物福利非政府组织、本地食品机构和生物多样性倡导者。

（二）市场研究

根据欧盟委员会 2010 年生物技术调查的结果，"自然即是优越的"这一理念是欧洲食品生产中的许多观念根源，"违背自然规律"是转基因食品相关问题之一。对于动物克隆和产品而言，这个问题似乎引起人们的更大担忧。此外，荷兰顾问团体"转基因委员会"（COGEM）研究了荷兰和欧洲的立法框架和程序是否能够解决转基因动物的上市问题。该委员会于 2012 年发布了《转基因动物：有利有弊》。

澳大利亚农业生物技术年报

报告要点：澳大利亚联邦政府大力支持生物技术，并承诺长期提供大量研发经费。到 2015 年，澳大利亚批准商业化的转基因植物只有棉花、油菜和康乃馨。澳大利亚政府规定如果食品中转基因成分含量超过 1%，必须按照食品标准法典要求获得批准后才能销售，并且要有明确标识。

第一部分　执行概要

美国密切关注澳大利亚与农业生物技术产品相关的政策和规章制度变化，因为这将影响美国向澳大利亚的出口贸易。澳大利亚政府规定，除用作食品添加剂或加工助剂之外，生物技术产品必须遵守食品标准法典规定才能销售或用作食品加工原料。这一要求将限制美国销售半成品与成品。澳大利亚对生物技术的政策与观点将影响其他国家，也影响借鉴澳大利亚监管制度的国家。

澳大利亚对生物技术的讨论非常重要。联邦政府非常支持这项技术，承诺提供长期研发经费支持，同时批准种植转基因棉花、康乃馨和油菜等作物。州政府也承诺了提供研发基金，不过大多数州对生物技术的引进持谨慎态度，并且对种植新转基因作物最初都采取暂缓态度。2007 年 11 月，新南威尔士州和维多利亚州解除了对种植转基因油菜的暂时禁令。2008 年 11 月，西澳大利亚州解除暂时禁令，允许奥德河地区种植转基因棉花；2009 年 4 月，该州宣布允许进行转基因油菜试验。2010 年初，西澳大利亚通过立法允许本州种植转基因油菜。南澳大利亚州、塔斯马尼亚州与堪培拉仍维持暂缓命令。大多数农场与联邦政府支持的科研组织公开表示接受生物技术作物。目前，澳大利亚种植的棉花几乎全部是转基因品种，但各州的暂时禁令减缓了食用生物技术作物的商业化和应用速度。

农业生物技术提高农业竞争力的潜力纳入《农业竞争力白皮书》草案讨论问题。白皮书指出，农业生物技术，如转基因技术，具有通过增产和降低投入而提高农业生产力的潜力，也可以通过减少除草剂和水的使用量等方式而改善环境。展望未来，转基因作物能配置更好的耕作系统，从而抗旱、抗冻和适应其他恶劣环境。生物技术也能应用于工业和医药。农业部门制定消费者充满信心的管理制度是确保生物技术产业获利的重要因素。但是部分州和辖区将依法继续实施限制条款，这将限制农场主采用最新技术来提高生产力。后续绿皮书对此进一步加以解释。2015 年 7 月正式颁发了农业竞争力白皮书。澳大利亚每年新技术（包括转基因）的研发投资超过 2.4 亿澳元。

澳大利亚建立了基于重大风险评估的管理框架，从转基因技术、转基因生物和生产过程角度对转基因食品进行评估和审批。2000 年颁布的基因技术法案（Gene Technology Act 2000）确立了澳大利亚对基因技术和转基因生物的监管方案。联邦政府基因技术管理局（Commonwealth's Gene Technology Regulator）专门负责转基因生物的评估、管理和颁发许可证，并强制实施颁发许可证要求的条件。转基因食品也必须通过安全评价，获得批准后才能上市销售。澳新食品标准局（Food Standards Australia New Zealand，FSANZ）负责制定转基因食品的评估标准，并纳入食品标准法典中。含有转基因材料或新型蛋白质，并且改变了特性的食品需进行标识。进口含有转基因成分的食品时，应满足相同的规定要求。

到 2015 年为止，澳大利亚批准商业化转基因植物有棉花、油菜与康乃馨。新南威尔士、维多利亚及西澳大利亚取消了暂缓命令，转基因油菜的种植快速增长。其他多种作物也正在进行生物技术的研究，在基因技术管理办公室（The Office of the Gene Technology Regulator，OGTR）的批准下，多种生物技术作物进行了田间试验，包括香蕉、大麦、油菜、棉花、葡萄、芥菜、玉米、木瓜、黑麦草、菠萝、红花、甘蔗、牛尾草、夏堇、小麦和白三叶草。转基因油菜、玉米、棉花、大豆、甜菜、马铃薯、苜蓿和水稻加工而成的食品已获得批准。目前，批准的生物技术食品清单已列入《澳大利亚新西兰食品标准法典》的条款 1.5.2。

未获得澳大利亚管理部门批准的转基因生物将严格限制出口美国，影响最大的是没获批准的用于饲料加工的谷物，如玉米、大豆及其衍生品。除了市场准入限制外，植物检疫的相关规定也不允许进口未获批准的粮食和谷物。澳大利亚还规定，如果食品中转基因成分的含量超过 1%，必须获得澳大利亚新西兰食品标准局的批准才能上市销售，并且必须在标识上标识它们含有转基因成分。

第二部分 植物生物技术

一、生产与贸易

（一）产品研发

表 2-1 汇总了澳大利亚已批准转基因植物的情况。

表 2-1 澳大利亚已批准转基因植物清单

品种	申请人	改变性状	批准用途
棉花	拜耳作物科学公司	耐除草剂、抗虫	控制条件下释放
红花	澳大利亚联邦科学与工业研究组织	改良油品质，提高油酸含量	控制条件下释放
小麦	莫道克大学	改良小麦品质	控制条件下释放
甘蔗	澳大利亚糖研究有限公司	耐除草剂	控制条件下释放
小麦和大麦	阿得雷德大学	抗逆境、提高微量营养素的吸收	控制条件下释放
油菜	澳大利亚孟山都有限公司	耐除草剂	商业化
霍乱菌	澳大利亚 PaxVax 有限公司	毒素表达缺失（减毒活疫苗）与筛选标识（汞抗性）	转基因霍乱疫苗的临床试验
大肠杆菌	澳大利亚 Zoetis 研究加工有限公司	抗鸡致病性大肠杆菌的转基因减毒活疫苗	商业化
棉花	澳大利亚孟山都有限公司	耐除草剂、抗虫、除草剂筛选标识、抗生素筛选标识、报告基因	商业化
油菜	有限公司 Nuseed	提高营养利用效率、筛选标识	控制条件下释放
小麦	维多利亚州政府环境与基础产业部	抗逆境、稳产	控制条件下释放
红花	澳大利亚联邦科学与工业研究组织	增加油酸含量	控制条件下释放
棉花	澳大利亚孟山都有限公司	抗虫和耐除草剂	控制条件下释放
窄叶羽扇豆	西澳大利亚大学	耐除草剂	控制条件下释放
棉花	澳大利亚孟山都有限公司	耐除草剂	商业化
小麦和大麦	澳大利亚联邦科学与工业研究组织	提高营养利用效率、增产、抗生素筛选标识	控制条件下释放（田间试验）
牛痘病毒和鸡痘病毒	澳大利亚 PPD 有限公司	抗前列腺癌的活体病毒疫苗（减毒活疫苗、抗原表达疫苗）	控制条件下释放
棉花	澳大利亚联邦科学与工业研究组织	增加纤维产量	控制条件下释放
油菜	澳大利亚先锋高产有限公司	耐除草剂	控制条件下释放
棉花	拜耳作物科技有限公司	抗虫、耐除草剂、抗生素筛选标识	控制条件下释放
小麦和大麦	澳大利亚联邦科学与工业研究组织	提高营养利用效率、增产、抗生素筛选标识	控制条件下释放
小麦和大麦	澳大利亚联邦科学与工业研究组织	提高营养利用效率、增产、抗病、抗逆境、抗生素筛选标识、除草剂筛选标识	控制条件下释放

（续）

品种	申请人	改变性状	批准用途
香蕉	昆士兰科技大学	营养强化、抗生素筛选标识、报告基因	控制条件下释放
油菜	拜耳作物科技有限公司	耐除草剂、杂交育种系统	商业化
香蕉	昆士兰科技大学	抗病、抗生素筛选标识、报告基因	控制条件下释放
油菜和芥菜	拜耳作物科技有限公司	耐除草剂、杂交育种系统、除草剂筛选标识	控制条件下释放
油菜	维多利亚州基础产业部	提高产量、延迟叶片衰老、抗生素筛选标识	控制条件下释放
小麦和大麦	阿得雷德大学	抗逆境、提高产量、提高营养利用效率、抗生素筛选标识	控制条件下释放
黄热病病毒	赛诺菲安万特有限公司（澳大利亚）	预防日本脑脊髓炎转基因疫苗（减毒活疫苗、抗原疫苗）	商业化
甘蔗	澳大利亚糖研究有限公司（原 BSES 有限公司）	耐除草剂、抗生素筛选标识、除草剂筛选标识、报告基因	控制条件下释放
甘蔗	澳大利亚糖研究有限公司（原 BSES 有限公司）	提高耐旱性，提高氮肥利用效率，改变蔗糖积累，提高甘蔗生物质的纤维素乙醇生产效率，非生物胁迫耐性，抗生素选择性标识，报告基因	控制条件下释放
棉花	陶氏农业科技有限公司（澳大利亚）	抗虫、耐除草剂、除草剂筛选标识	商业化
白三叶草	维多利亚州基础产业部	抗病、抗生素筛选标识	控制条件下释放
棉花	澳大利亚联邦科学与工业研究组织	改变棉油的脂肪酸组成、抗生素筛选标识	控制条件下释放
黑麦草和牛尾草	维多利亚州基础产业部	改善饲料品质、抗生素筛选标识	控制条件下释放
小麦	维多利亚州基础产业部	抗旱、抗生素筛选标识	控制条件下释放
香蕉	昆士兰科技大学	抗病、抗生素筛选标识、报告基因	控制条件下释放
小麦与大麦	阿得雷德大学	增加 β-葡聚糖含量抗逆境、抗生素筛选标识	控制条件下释放
香蕉	昆士兰科技大学	营养强化、抗生素筛选标识、报告基因	控制条件下释放
小麦	维多利亚州基础产业部	抗旱、除草剂筛选标识	控制条件下释放
油菜与芥菜	拜耳作物科技有限公司	耐除草剂、杂交育种系统、除草剂筛选标识	控制条件下释放
棉花	澳大利亚孟山都有限公司	耐除草剂、抗虫、抗生素筛选标识、除草剂筛选标识、报告基因	南纬 22 度以北区域的商业化
棉花	拜耳作物科技有限公司	耐除草剂、除草剂筛选标识	商业化
白三叶草	维多利亚州基础产业部	抗紫花苜蓿花叶病毒、抗生素筛选标识	现场评估
棉花	陶氏农业科技有限公司（澳大利亚）	转入 $cry1Ac$ 和 $cry1Fa$ 抗虫基因，除草剂筛选标识	农艺性状评估
油菜	拜耳作物科技有限公司	耐除草剂、改变植物发育、除草剂筛选标识	商业化
油菜	澳大利亚孟山都有限公司	耐除草剂	商业化

（二）商业种植

澳大利亚基因技术管理局只批准了转基因棉花、油菜与康乃馨的商业化种植。据统计，澳大利亚种植的棉花几乎全部为转基因棉花。2003 年，澳大利亚基因技术管理局批准了 2 种转基因油菜的商业化种植。2008 年初，新南威尔士州和维多利亚州解除暂时禁令，澳大利亚成为第一批种植转基因油菜的地区。2008 年 11 月，西澳大利亚州也解除暂时禁令，奥德河地区种植了转基因棉花，2009 年 4 月，奥德河地区的 20 个区域获批进行转基因油菜试验。转基因康乃馨是基因技术管理局评估的首个生物技术产品，被认定对人类或环境造成的风险极低、足够安全，任何人无需许可可以种植。因此，转基因康乃馨已列入转基因目录。

1. 转基因棉花　澳大利亚从 1996 年开始商业化种植转基因棉花。截至 2015 年，澳大利亚种植的棉花几乎全部为转基因品种。此外，澳大利亚正研发转基因棉花新品种。

2. 转基因油菜　从 2003 年开始，基因技术管理办公室批准了大量生物技术油菜品种。2008 年新南威尔士州和维多利亚州首次种植获得批准的转基因油菜。2009 年西澳大利亚州允许转基因油菜进行田间试验，2010 年批准转基因油菜可以商业化种植。

根据孟山都公司的数据，澳大利亚 2015 年将种植 43 万公顷转基因油菜，2014 年仅种植 35 万公顷。2015 年，转基因油菜品种占西澳大利亚州、维多利亚州和新南威尔士州油菜种植总面积的 22％。2015 年，有近 1 200 家农场种植转基因油菜，比 2014 年增加 20％。

3. 出口　澳大利亚几乎所有棉花都是转基因品种，出口的棉花及其产品很可能都是转基因品种。澳大利亚不直接向美国出口棉花，但 2014 年澳大利亚向美国出口 13.5 万吨棉花种子。

澳大利亚农业部在网站上公布了进口肉类、奶制品、活体动植物和鸡蛋，以及非计划性商品（蜂蜜、加工食品等）要求手册，包括是否需要存在或不存在转基因的声明。

4. 进口　根据《基因技术法（2000 年）》的规定，转基因生物必须获得授权或批准，即活体转基因生物的进口受此法案监管。进口商需向基因技术管理办公室申请进口许可证或者授权。基因技术管理办公室和农业部共同管理转基因生物的进口。

进口许可证申请表包括转基因产品分子特征信息的内容。如果进口转基因种子或谷物，或者进口的种子或谷物中混入了一定量转基因材料，进口商必须在进口检疫材料许可申请表中标注，并上报农业部。许可证申请表也要求进口商依法提供相关授权情况。为了验证授权情况，农业部和基因技术管理办公室会进行信息交流。

转基因食品在上市销售前必须获得澳新食品标准局的批准，如果转基因成分含量超过 1％，须进行标识。这一要求适用于所有国内生产和进口的食品。目前批准的转基因食品清单表已列入标准 1.5.2。

澳大利亚生物技术法规对加工后的动物饲料（如大豆粉）没有明确要求，即不需事先获得批准或进口许可，但有些产品受检疫限制。由于生物技术产品的种子有可能释放到环境中，所以如果进口未加工的生物技术产品用作饲料就需要获得基因技术管理办公室许可证。

二、政策

（一）监管框架

《2000 年基因技术法案》于 2001 年 6 月 21 日生效，成为联邦政府国家监管框架的组成部分。该法案及配套的《2001 年基因技术管理条例》为基因技术管理局评估申请活体转基因生物安全性制定了全面的程序，包括从有资质的实验室研究工作到转基因生物的环境释放，以及之后的监控和执行许可实施条件的全过程。联邦政府与各州及其辖区之间达成的政府间协议将巩固澳大利亚转基因生物监管体系。基因技术立法与管理论坛（LGFGT），即原来的基因技术部长理事会，由联邦政府部长与各州及其辖区的州长组成，对监管框架进行广泛的监督，为强化立法提供政策性指导。基因技术常务委员会由司法部门高级官员组成，为基因技术立法与管理论坛提供了大力支持。

基因技术法案的目标：通过鉴定基因技术可能带来或引起的风险，以及对特定转基因生物进行监管来控制这些风险，进而保护人民的健康和安全、保护环境。除满足以下条件的转基因生物外，基因技术法案禁止所有转基因生物。

——获得许可证；

——法定低风险转基因生物；

——已列入转基因生物名单；

——应急处置特例。

基因技术法案主要特点是确立了基因技术管理局独立任命、透明尽责的实施管理。管理局按照法案的要求负责管理所有与转基因相关的法规，并确保获得许可证条件的执行。管理局将广泛咨询社区、研究机构和私营企业的意见。基因技术管理局与其他监管机构协调批准生物技术产品的应用和销售。本法案要求建立转基因生物及其产品的公共记录，并实时公布在基因技术管理办公室网站 www.ogtr.gov.au。

基因技术法案成立了两个咨询委员会，向基因技术管理局和基因技术立法与管理论坛（LGFGT，原基因技术部长理事会）提出建议：

——基因技术咨询委员会（GTTAC），由一批高素质专家组成，为各项申请提供科学技术建议；

——基因技术伦理与社区咨询委员会（GTECCC），提供对与转基因产品相关的伦理和社会普遍关注问题的建议。

图 2-1 为基因技术管理系统流程图。

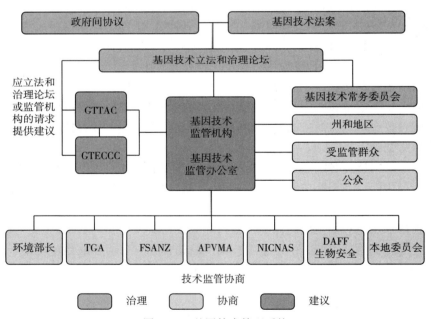

图 2-1　基因技术管理系统

注：1. GTTAC 指基因技术咨询委员会；2. GTECCC 指基因技术伦理与社区咨询委员会；3. TGA 指医疗用品管理局；4. FSANZ 指澳大利亚新西兰食品标准局；5. APVMA 指澳大利亚农药-兽药管理局；6. NICNAS 指国家工业化学品通告及评估计划局。

《基因技术法（2000 年）》区分了转基因生物与转基因产品。转基因产品指除转基因生物以外，由转基因生物衍生或生产的产品［根据《基因技术法（2000 年）》第 10 条定义］。澳大利亚基因技术管理办公室（OTGR）不直接管理澳大利亚转基因产品的使用，而是根据表 2-2 中不同的情况，由多个部门管理。

表 2－2　澳大利亚基因技术管理机构及职能

机　构	管理对象	范　围	相关法规
OGTR－基因技术管理办公室（支撑基因技术管理局）	转基因生物	基因技术管理局发布并实施了转基因生物国家监管方案，通过鉴定基因技术可能带来或引起的风险，以及对特定转基因生物进行监管来管理这些风险，进而保护人民的健康和安全，保护环境	《基因技术法（2000 年）》
TGA－医疗用品管理局	药品、医学装置、血液与组织	医疗用品管理局管理药品、医疗装置、血液与组织的相关立法，包括转基因获得的产品，确立管理框架，确保它们的质量、安全与功效	《医疗用品法（1989 年）》
FSANZ－澳大利亚新西兰食品标准局	食品	澳大利亚新西兰食品标准局负责制定食品安全、含量与标识的标准，在转基因食品上市前进行强制的安全评估	《澳大利亚新西兰食品标准法（1991 年）》
APVMA－澳大利亚农药-兽药管理局	农业和兽医用化学品	澳大利亚农药-兽药管理局负责国家农药及兽药管理系统的运行，包括用于转基因作物的农药。评估时应考虑人类和环境安全、产品功效（包括杀虫剂和除草剂的抗性管理），以及药品残留相关的贸易问题	《农业和兽医用化学品法（1994 年）》《农业和兽医用化学品管理法（1994 年）》
NICNAS－国家工业化学品通告及评估计划局	化工原料	NICNAS 制定国家通告与评估计划，从而保护公众、工人和环境，免受工业化学品的毒害	《化工原料法（通告与评估）（1989 年）》
农业部	检疫	农业部监管进口到澳大利亚的动物、植物与生物产品是否会引起检疫性有害生物或疾病风险。进口许可证申请必须明确是否含有转基因成分，并按照《基因技术法（2000 年）》的要求提交相关授权	《检疫法（1908 年）》《进口商品管理法（1992 年）》

1. 田间试验　表 2－1 中已列出所有获得进行田间试验许可的产品名单。

2. 复合性状批准　复合性状也需获得澳大利亚基因技术管理办公室批准。复合性状品种的商业化可以通过 2 种途径获得许可，一是通过许可证申请程序或变更程序，使特定复合性状转基因生物列入许可清单中，二是按照特殊许可条件要求规定，如果亲本都已获得许可，那么它们杂交获得的复合性状转基因生物后代可自动获得许可。

3. 共存　自 1996 年商业化种植转基因抗虫棉以来，澳大利亚就出现生物技术作物、传统作物和有机作物共存的局面。作为生物技术作物商业化种植的许可条件之一，基因技术管理办公室依据个案分析的原则规定了每种生物技术作物种植条件，以确保避免与附近的传统作物或有机作物发生污染。对于申请环境释放的转基因作物，管理办公室会向州及其辖区、其他澳大利亚州政府机构、当地理事会及公众咨询风险评估与风险管理计划。隔离和共存，以及其他市场和经济问题由国家其他法规和行业协议来管理。

2014 年 3 月对转基因油菜种植开展的一项调查发现，一方面，共存政策既不影响农场主与邻居或附近的农场社区和睦相处，又不影响农场主是否种植转基因油菜，或者增加转基因油菜种植面积的决定；另一方面，澳大利亚一个案件中，一有机农场主起诉邻居污染其田地和索赔损失，此案件的发生将有机作物共存问题变成了公众热点，并可能促使行业与政府机关对现行制度进行检查。

（二）标识

1. 转基因食品标识　澳大利亚新西兰食品标准局（FSANZ）是批准转基因产品进入澳大利亚市场的政府机构。凡是最终产品中含有外源 DNA 或外源蛋白质的必须采取强制标识。《澳新食品标准法典》"标准1.5.2"对转基因食品标识进行了规定，于2001年12月7日开始实施。

按照标准规定，有标识的转基因食品，或是成分含有新遗传物质和新蛋白质，或是与传统食品相比已经改变了特性，特别是营养价值发生了改变。由转基因生物获得的调味料，当它在食品中含量超过1克/千克（0.1%）也需要标识。如果食品添加剂与加工助剂中的外源基因没有出现在最终食品中，则不需要标识。

按照标准规定，就包装食品来说，"转基因"必须与"食品"连用，或与成分清单表中某一成分连用，而零售的非包装食品（如散装的水果和蔬菜、非包装成品、半成品食品），转基因标识必须与对应的食品或食品所含有的特定成分同时展示。转基因棉籽油不需要标识，因为油不含任何转基因成分，与传统棉籽油相同。

2. 转基因饲料标识 含有转基因成分的动物饲料（如以转基因谷物或油菜籽为原料）由基因技术管理办公室监管。基因技术管理办公室应该考虑到产品可能带来的任何生物安全风险，必要时可以运用特殊条款，或者禁止使用该产品作为动物饲料。例如，转基因产品完成田间试验后，试验单位希望把试验副产品（如种子）作为动物饲料，这需要通过基因技术管理局评估并获得许可。

澳大利亚农业部与基因技术管理办公室负责对全部转基因谷物产品（包括油料）进口用作动物饲料进行批准。农业部负责进口产品到岸检验检疫和颁发许可证，确保进口产品无病虫害，以及确保产品满足各项要求的其他条件得到实施。基因技术管理办公室也评估产品，向企业颁发产品进口许可证，也可要求实施农业部规定的其他条件。

澳大利亚集约化畜牧业大量采用生物技术饲料。澳大利亚进口大量豆粕，其中包括来自美国的；所使用的棉籽粕都是生物技术产品，因为种植的棉花中超过90%是生物技术品种，并且转基因棉花和常规棉花种植通常没有隔离措施。澳大利亚转基因动物饲料并不要求标识。

（三）知识产权

植物知识产权由澳大利亚知识产权局依据《1994年植物育种者权利法》管理。

（四）《卡塔赫纳生物安全议定书》

澳大利亚尚未签署或批准生物安全议定书，也没有申请加入该议定书，因为考虑到履约问题和已签约各方履约的不确定性，比如，各方是否都会遵循所有的国际义务，某些国家发挥自身能力影响决策等。澳大利亚政府认为该议定书对本国管理生物技术产品进口不是必要的，澳大利亚通过基因技术管理办公室已建立了强有力的管理框架。

（五）国际公约/论坛

依据《2000年基因技术法》第27条，澳大利亚基因技术管理局的职能包括监测转基因生物管理相关的国际动态、保持与其他国家转基因监管机构的联络、与监管机构协调有关转基因生物和转基因产品的风险评估。监管机构和基因技术管理办公室获得了重要的国际影响力。

澳大利亚参与多边协作，促进实施科学的、透明的和可预见的监管方式，促进创新，确保全球粮食供应安全可靠，包括新技术农产品的种植和应用。自2001年澳大利亚监管方案确立，基因技术管理办公室与其他国家管理机构共同参与多边论坛、合作交流。

澳大利亚是支持"创新农产品技术，特别是植物生长技术的联合声明"的国家（包括巴西、加拿大、阿根廷、巴拉圭和美国）之一，属于国际植物保护公约缔约方，1963年成为国际食品法典委员会成员国，是经济合作与发展组织生物技术监管协调工作组成员。

（六）监测与测试

为了确保转基因产品符合监管要求，基因技术管理办公室依据《2000年基因技术法》对受监控区域进行监管、审计、检查和调查。监管工作包括风险评估管理、对企业活动和报告的评审。

（七）低水平混杂政策

澳大利亚已经发布一项生物技术产品低水平混杂政策的国际声明。

2005 年 10 月，在处理传统油菜运送过程中混入痕量试验转基因油菜品种的问题时，澳大利亚国家层面就阈值达成一致。基础工业部长理事会（由澳大利亚政府和各州的部长们组成）同意传统油菜中无意混杂转基因油菜（包括谷物和种子）的阈值。基础工业部长理事会认可的两个阈值是：

①传统油菜籽中无意混杂转基因的阈值是 0.9％，澳大利亚油籽联盟支持这一阈值；

②由澳大利亚种子联盟根据 2 年的研究及同油菜种协会的切磋阈值，即油菜籽中无意混杂转基因成分的阈值，最初为 0.5％，其后下降到 0.1％。

2005 年，澳大利亚政府生物技术部长理事会批准了一个基于风险的国家战略，来管理进口种子中无意混杂未获批准的转基因生物，该项战略包括六个部分（表 2-3），澳大利亚基因技术管理办公室负责实施该战略，对最可能造成意外混杂的领域采用一种风险管理方法。

表 2-3　无意混杂未获批准的转基因生物国家监管战略组成部分

组成部分	说　明
风险分析——鉴别最可能发生无意混杂的进口种子	基因技术管理办公室与农业部签订了共享进口数据的谅解备忘录。进口种子播种数据，海外转基因商业化生产及环境保护部和其他相关机构的进口资料，均用于识别 12 个优先作物
质量保证/身份确认	行业建立了质量保证和身份确认系统来保证种子的质量。基因技术管理办公室建立了一个审查和测试行业质量保证系统的项目
实验室检测	与测试项目有关的内控标准。行业必须保证自身能管控未经批准的种子带来的风险
澳大利亚监管机构的批准/提前风险评估	基因技术管理办公室已经起草了 12 种作物（油茶、棉花、玉米、马铃薯、番茄、木瓜、大豆、南瓜、苜蓿、稻谷、小麦，以及草本植物）的转基因事件应急反应机制，这些作物通过风险分析方法确定其进口种子中出现无意混杂的风险等级最高。一旦检测到未经批准的转基因产品出现意外混杂情况，这些文件将为快速风险评估和管理行动提供基础
上市后的检测	基因技术管理办公室认识到防止无意混杂未经批准的转基因生物的立法局限性，与行业部门合作制定了自律准则。自律准则的目的是尽可能早的剥离商业化种子供应链中存在的风险。澳大利亚基因技术管理办公室建立了调查潜在的意外混杂信息项目支持此项行动
强制措施	如果监测到未经批准的转基因生物，合适的处置方法应基于个案风险管理的原则。基因技术管理办公室就这一问题一直与澳大利亚政府机构、相关的行业组织等保持联系

三、市场

（一）市场接受力

澳大利亚建立了一系列基于风险评估的有关基因技术与转基因生物监管框架。澳大利亚反生物技术极端主义促使了严格的标识要求并鼓励延迟生物技术种植，政府部门仍支持农业生产者采用这项技术，并且澳大利亚一直是美国在《卡塔赫纳生物安全议定书》方面的盟友。

澳大利亚主要的商品集团最初对引进转基因油菜表示担忧，提倡"循序渐进"的方法。2003 年，基因技术管理办公室批准了生物技术油菜的商业化，可能对国内出口业务带来潜在影响。2003 年和 2004 年，几个地区政府（维多利亚州、新南威尔士州、南澳大利亚州、西澳大利亚州、塔斯马尼亚州和堪培拉），利用商品销售的管理权，暂停了转基因产品的商业化（先前获批的棉花和康乃馨除外）。2007 年，大多数暂停事项被复审，新南威尔士州和维多利亚州解除了转基因油菜商业种植暂缓令，2008 年两州首次种植转基因作物。2008 年 11 月，西澳大利亚州政府解除暂缓令，允许奥德河地区种植转基因棉花；2009 年 4 月，还宣布该州 20 个地点可以进行转基因油菜试验。南澳大利亚州、塔斯马尼亚州与堪培拉地区仍实施暂缓种植令。

目前，澳大利亚种植的棉花中 95% 棉花属于生物技术品种，鲜有争议。实际上，澳大利亚广泛报道了转基因棉花的环境效益，且杀虫剂和除草剂用量明显减少。转基因棉籽油和棉籽粉已经出现在澳大利亚国内市场上，也并未遭到反对。

（二）公众/私人的意见

2012 年后期，工业部研究了社区对生物技术的态度；2013 年 3 月，公布了研究结果；从 1999 年开始，每隔几年进行 1 次调研来确定澳大利亚公民对生物技术及其应用的态度。报告中的重要发现包括：

（1）男性、年轻人和居住在首都的公民更可能支持转基因食品；

（2）澳大利亚公民对转基因食品的关注度，如同他们对食品的农药残留和防腐剂的关注度一样；

（3）人们更支持有益健康或更便宜的转基因食品，认为延长保质期或改良口味仅为次要益处；

（4）近几年，对转基因食品和作物的支持率相对稳定，约 60% 的公民愿意食用转基因食品。不过，数据变化取决于转基因食品种类，是否对消费者有益和有效监管的认知程度；

（5）性别、年龄和对科学技术的态度影响对待转基因食品的态度，其中男性支持转基因食品的评价得分是 5.2 分（满分 10 分），女性为 4.0 分，30 岁以下的人比 30 岁以上的人评价得分高出 1 分；热爱科学的人群评价得分为 6.6 分，而不相信科学的人群仅为 4.0 分；

（6）研究结果发现，90% 的澳大利亚公民听说过转基因植物生产的食品，其中 50% 认为其益处超过风险，近 17% 认为风险超过其益处；

（7）一半以上公民（52%）赞成种植转基因作物，约 1/3 公民（32%）持反对态度，但其中约 60% 的反对者可能改变态度，只要转基因作物有利于环境，有益于健康或进行了严格的监管；

（8）相反地，如果转基因作物的益处没有被证实，支持种植转基因作物的公民也可能改变看法。

第三部分　动物生物技术

一、生产与贸易

（一）生物技术产品研发

澳大利亚研究人员正在利用基因技术提高畜牧业的生产效率。由大学、合作研发中心及联邦科学与工业研究组织共同开展的这项研究工作，利用自然遗传变异的牲畜种群来筛选培育生产更多肉、奶和纤维的动物品种。此外，还利用基因技术研发预防和诊断家畜疾病的新疫苗和治疗方法。有关转基因动物对动物和人体健康的益处也正在研究中。

目前，澳大利亚家畜克隆仅限于少量优良品种，据估计有不到100头肉牛和奶牛，还有几只绵羊在进行封闭的环境试验。公立、私立研究机构和大学在进行这类研究。

表2-4为澳大利亚家畜用疫苗批准情况。

表 2-4　澳大利亚家畜用疫苗批准情况

亲本	申请人	改良性状	许可目的
霍乱菌（Vibriocholerae）	PaxVax 澳大利亚有限公司	毒性缺失表达（减毒活疫苗）和选择标识（汞抗性）	转基因霍乱疫苗临床试验
大肠杆菌	Zoetis 澳大利亚研发制造有限公司	减毒活疫苗	预防小鸡病原大肠杆菌的转基因疫苗商业化
牛痘病毒，鸡痘病毒	PPD 澳大利亚有限公司	减毒活疫苗，抗原表达疫苗	抗前列腺癌转基因活体病毒疫苗的控制条件下释放
黄热病病毒（YF17D）	赛诺菲-安万特澳大利亚有限公司	减毒活疫苗，抗原表达疫苗	预防日本脑炎转基因活体病毒疫苗的商业化

（二）商业生产

澳大利亚有一家公司向育种者宣传可提供家禽克隆服务。

（三）生物技术进出口

澳大利亚没有动物生物技术相关产品的进出口。

二、政策

（一）管理机构和法规

澳大利亚基因技术管理办公室负责基因技术和动物研究的监管。相关的管理法规包括科研动物福利法、科研动物饲养法和使用实施规程等。

基因技术管理办公室制定根据已有的评估，将对人体健康和安全、环境风险极低的转基因生物，列入"显著低风险"转基因动物清单。

澳大利亚农业部负责动物进口的卫生（生物安全）风险评估。如果进口安全评价认为没有风险，则不能将克隆动物和产品与常规动物和产品区别对待。暂无有关牛、山羊、绵羊胚胎和克隆动物产品进口的生物安全限制规定，它们遵守与非克隆产品相同的检疫规定。

源于克隆动物的食品并不按转基因生物食品一样监管。澳大利亚新西兰食品标准局认为从克隆动物及其后代获得的食品与传统饲养动物获得的食品一样安全，并不需要按转基因生物食品一样进行额外的规定。

（二）标识与溯源

目前，所有的克隆动物仅限于研究实验，还不会进入食品链。澳大利亚研究人员和工业界已达成共识，同意将源于克隆动物或其后代的食品进入食品链。

（三）贸易壁垒

检疫要求是澳大利亚进口动物产品的主要贸易壁垒。这些要求同样适应于转基因动物产品。克隆动物或其产品暂无额外的生物安全要求。

（四）知识产权

澳大利亚的知识产权由澳大利亚知识产权局管理。

（五）国际公约/论坛

澳大利亚政府参与多边协作，促进实施科学的、公开透明的和可预见的监管方式，促进创新，确保全球食品供应安全可持续，包括新技术农产品的种植和应用。从 2001 年澳大利亚监管方案开始实施以来，基因技术管理办公室与其他国家相应的监管机构一起参加多边论坛、合作交流。2012—2013年，基因技术管理办公室帮助越南、不丹和加纳等国进行监管能力建设；向其介绍了英国的监管方案；出席了亚太经合组织（APEC）关于新技术监管问题的专题研讨会；在世界风险大会转基因管理分会上做了报告；参加了转基因树木环境风险评估国际工作组活动；在 12 届国际转基因生物安全专题研讨会上做了 2 次报告并组织了小组讨论。

三、市场

（一）市场接受力

关于市场对克隆动物食品的接受程度没有进行专项研究。前面提到的市场对植物转基因技术的接受程度也适应于动物生物技术，虽然市场对转基因动物的接受程度一开始就更低一些。

（二）公众/私人意见

目前，并没有转基因动物或克隆动物产品进入澳大利亚食品链中，因此，澳大利亚媒体并没有发出任何赞成或反对意见。前面也提到过公众对生物技术的总体态度是支持的，不过多年后，这种态度也发生了改变，变得更容易接受。初期公众很有可能难以接受转基因动物或克隆动物食品。

阿根廷农业生物技术年报

报告要点：阿根廷仍是继美国和巴西之后的第三大转基因作物生产国，转基因作物产量占全球转基因作物产量的 14％。2012 年，阿根廷修订了农业生物技术监管系统，有效缩短了新申请项目审批时间。当地反生物科技组织发动了一场传播恐惧和非科学事实的运动，有可能是当地环境保护组织发动的反对孟山都公司在科尔多瓦建工厂的行动，影响日益扩大。

第一部分　执行概要

阿根廷仍是继美国和巴西之后的第三大转基因作物生产国，产量占全球转基因作物总产量的14％。该国2013—2014年种植转基因作物的面积为2 479万公顷，比上年增加了86.8万公顷。几乎所有的大豆、95％玉米和全部的棉花产区都种植了转基因品种。

2015年是农业生物技术监管系统修订后实施的第二年，继续证明了它的有效性，达到了缩短审批时间的预期目标，同时在减少官僚主义上也发挥了很大的作用。

中国是阿根廷最重要的农产品出口市场之一，中国政府批准的转基因品种仍是阿根廷外贸业务中的重中之重。

在与生物技术有关的一些国际问题上，阿根廷仍是美国的重要盟友，如向世界贸易组织就欧盟禁用转基因作物提出质询时，阿根廷和美国是共同原告。此外，阿根廷、巴西和美国的玉米种植者签订了"MAIZALL"协议，创建了一个加强产业之间、政府之间沟通交流和进行公共宣传的有效平台，并建立了伙伴关系。通过MAIZALL，玉米种植者将开展全球合作，解决生物技术、粮食安全、管理、贸易及生产者形象等方面的重大问题。

产业部门提出了修订新《种子法》的建议，已获得农业部批准，但何时能获得其他部门通过并得到实施尚不清楚。在阿根廷，知识产权（IPR）仍是一个尚未解决的问题，缺少特许权使用费征税制度（royalty collection system），阻碍了新品种在该国的使用，阿根廷一直努力寻找承认知识产权的机制。2011年，孟山都公司与农场主们签订私人协议，解决他们在种植大豆新品种时涉及的知识产权问题。

当地反生物科技组织发动了一场错误信息运动，他们提出生物科技产品可能存在污染、毒性和致敏性，传播恐惧和非科学事实，而且影响日益扩大。这些行动由当地环境保护组织发动，目的是反对孟山都公司在科尔多瓦建工厂，工厂建设因省领导的干预而停止。

阿根廷在培育用于药品生产的转基因动物很积极，不过尚未批准任何转基因动物用于食品消费。关于克隆动物，阿根廷有一家公司和一个公共机构可以提供商业克隆服务，大多数属于种畜服务。阿根廷在体细胞核移植（SCNT）研究领域非常活跃，阿根廷政府仍处在制定技术相关政策的决策过程中。

第二部分　植物生物技术

一、贸易和生产

（一）产品研发

阿根廷一直把为农民引进创新生产技术当作目标，引进了新育种技术，当地科学家培育出抗旱的转基因甘蔗、转基因小麦和转基因大豆品种。

1. 转基因甘蔗　2012 年，阿根廷派出了一个由农业部高级官员、产业部门代表和研究人员组成的代表团出访巴西，目的是评估私营、合资企业与巴西产业部门合作培育转基因抗旱甘蔗品种的可行性。巴西研究人员已开始着手转基因抗旱甘蔗品种的培育工作，有了阿根廷研究人员的加入，可以推进品种研发。阿根廷产业部门表达了对新甘蔗品种培养的兴趣，这将可能在 10 年内将甘蔗种植面积由现在的 35 万公顷增加到 500 万公顷左右，这种甘蔗主要用于乙醇生产。代表团表示有信心在短期内与巴西签订该协议。

与此同时，阿根廷国家农业生物技术顾问委员会（CONABIA）正在评估抗草甘膦［Round-Up Ready（RR）］甘蔗品种和 Bt 甘蔗品种的应用问题。这两种品种由阿根廷奥维斯波 Colombres 试验研究站与圣罗萨研究所的科学家育成。据估计，抗草甘膦甘蔗品种要到 2014 年底才能获得商业化生产批准。目前尚未有任何国家批准转基因甘蔗生产，因此阿根廷有可能成为世界上首个批准转基因甘蔗商业化的国家。

2. 转基因耐旱小麦、玉米和大豆新品种　阿根廷研究人员已经从向日葵中分离出耐旱基因（*HB4*），并将此基因转入到玉米、小麦和大豆品种中，获得了令人满意的结果。据报道，经过 3 年在该国不同地区（不同的土壤条件与气候条件）所做的田间试验，转基因品种的产量比普通品种高出 15%～100%。2013 年，获准允许使用和研发 *HB4* 的阿根廷 Bioceres 公司与法国 Florimond Desprez 公司签订了一份合资协议，成立名为 Trigall Genetics 的合资公司，从 2016 年起开始培育抗旱小麦品种。这些新品种的产生对阿根廷农业部门来说将是一个重要里程碑，因为这些品种有助于应对气候变化带来的影响。目前尚未有任何国家批准转基因小麦，所以阿根廷有机会成为全球第一个批准转基因小麦的国家。此外，Bioceres 公司与美国 Arcadia Biosciences 公司已于 2012 年签署了一份类似协议，用 *HB4* 合作培育抗旱大豆品种，一旦获得批准，将有助于提高盐碱地或缺水地区的农作物产量。

3. 抗病毒和耐除草剂的转基因马铃薯　业内人士指出，抗病毒［马铃薯 Y 病毒（PVY）和马铃薯卷叶病毒（PLRV）］和耐除草剂的转基因马铃薯经阿根廷国家农业生物技术顾问委员会评估后有可能获批大规模生产。在阿根廷，上述病毒可以导致马铃薯产量高达 70% 的损失，所以，这项批准对马铃薯行业来说很可能是一个重大进步。

（二）商业化生产

阿根廷是继美国和巴西之后第三大转基因作物生产国，有 30 个转基因作物品种获批生产和商业化，包括 5 个大豆、22 个玉米、3 个棉花品种。

阿根廷自 20 世纪 90 年代后期开始引进转基因大豆。2015 年，种植面积已超过 2 050 万公顷。2013—2014 年度，阿根廷种植转基因品种（大豆、玉米和棉花）的总面积为 2 479 万公顷，较上年度增加了 86.8 万多公顷（增长了 3.6%）。

1. 中国批准的转基因品种　因为中国是阿根廷最重要的农产品进口市场之一，中国批准的转基因品种仍是阿根廷外贸的重中之重。行业部门与政府部门都强调了中国政府及时进行新品种安全性审查的重要性，审核要以科学为基础，避免出现贸易中断的非同步批准。2013 年 6 月，中国政府批准了多个大豆和玉米品种，包括孟山都公司研发的转基因大豆 RR2（2012 年 8 月在阿根廷获得批准）。在中国政府批准的品种清单中，有一个抗咪唑啉酮类除草剂和一个抗草铵膦除草剂大豆品种，还有转基因玉米种子，如大家熟知的 1161。阿根廷产业部门和政府坚信，在不久的将来，玉米品种 MIR162 将会获得中国政府的批准。表 3-1 为阿根廷转基因种植面积的变化。

表 3-1　阿根廷转基因种植面积的变化（万公顷）

年度	大豆		玉米			棉花			总计
	抗虫	抗虫＋耐除草剂	抗虫	耐除草剂	抗虫＋耐除草剂	抗虫	耐除草剂	抗虫＋耐除草剂	
1996—1997	37	0	0	0	0	0	0	0	37
1997—1998	175.6	0	0	0	0	0	0	0	175.6
1998—1999	480	0	1.3	0	0	0.5	0	0	481.8
1999—2000	664	0	19.2	0	0	1.2	0	0	684.4
2000—2001	900	0	58	0	0	2.5	0	0	960.5
2001—2002	1 092.5	0	84	0	0	1	0	0	1 177.5
2002—2003	1 244.6	0	112	0	0	2	0.06	0	1 358.6
2003—2004	1 323	0	160	0	0	5.8	0.7	0	1 489.5
2004—2005	1 405.8	0	200.8	1.45	0	5.5	10.5	0	1 624.1
2005—2006	1 520	0	162.5	7	0	2.25	16.5	0	1 708.2
2006—2007	1 584	0	204.6	21.7	0	8.8	23.2	0	1 842.3
2007—2008	1 660	0	250.9	36.9	8.2	16.23	12.4	0	1 984.6
2008—2009	1 700	0	153.6	32	80	7.2	21	0	1 993.8
2009—2010	1 818.2	0	140.8	25.6	99.2	4.23	4.7	36.7	2 129.4
2010—2011	1 870	0	159.9	28.7	164	0.77	5.59	55.23	2 284.2
2011—2012	1 880	0	140	40	240	0	6.9	50.6	2 357.5
2012—2013	1 912	0	132.2	36.5	268.9	0	5.2	37.8	2 392.6
2013—2014	2 043.8	6.2	97.5	31.2	245.7	0	6.6	48.4	2 479.4

图 3-1 为阿根廷转基因品种应用的变化。

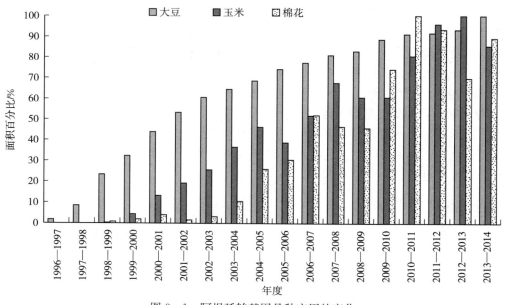

图 3-1　阿根廷转基因品种应用的变化

数据来源：阿根廷生物技术信息和发展委员会。

2. 大豆 1996 年商业化的抗草甘膦（农达）大豆是阿根廷引进的第一代农业生物技术作物。该大豆品种应用率非常之高，2013—2014 年大豆种植面积达到近 2 050 万公顷，促使阿根廷许多地区可以种植两季大豆，即在小麦收获后再种一季大豆，而在此之前，这些地区只能种一季大豆。

阿根廷的大豆经济几乎完全以出口为导向，大豆出口占 20%，剩余部分则由炼油厂负责加工，豆油出口占 93%，副产品（豆粕）出口占 99%。

图 3-2 可以看出阿根廷转基因大豆种植面积占大豆总种植面积比例的变化，图 3-3 显示了阿根廷转基因大豆种植面积的变化。

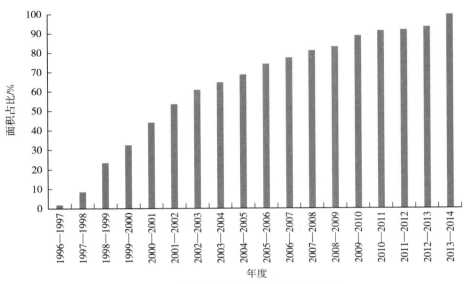

图 3-2　阿根廷转基因大豆种植面积占比
数据来源：阿根廷生物技术信息和发展委员会。

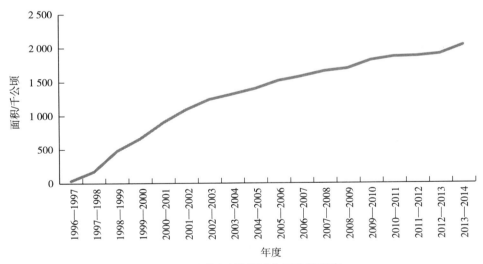

图 3-3　阿根廷转基因大豆种植面积
数据来源：阿根廷生物技术信息和发展委员会。

3. 玉米 截至 2015 年，阿根廷农民已种植复合性状转基因玉米 7 年。2007 年，阿根廷政府简化了复合性状转基因玉米的审批流程，如果亲本玉米品种都已获得批准，那么通过杂交育种获得的复合性状转基因品种不需要进行全面的安全评价分析。2007 年，阿根廷批准了第一个复合性状转基因玉米，即孟山都公司的 NK603×810。最新批准的玉米是先锋公司的 TC1507×MON810×NK603 y TC1507×MON810（2013 年 10 月批准）及先正达公司的 Bt11×MIR162×TC1507×GA21（2014 年

8 月批准）。

转基因玉米的种植面积为 437 万公顷，占玉米种植总面积的 95％。2013—2014 种植年度，复合性状转基因玉米（抗虫和耐除草剂）的种植面积约 245.7 万公顷，占转基因玉米总面积的 65％。从单一性状来看，抗虫性状占比最大，达到 97.5 万公顷，远超过耐除草剂等其它单一性状的转基因玉米种植面积。而耐除草剂的转化体中，种植最广泛是耐草甘膦的 GA21，约为 31.2 万公顷。图 3-4 显示了阿根廷转基因玉米种植面积占玉米总种植面积比例，图 3-5 显示了阿根廷转基因玉米种植面积。

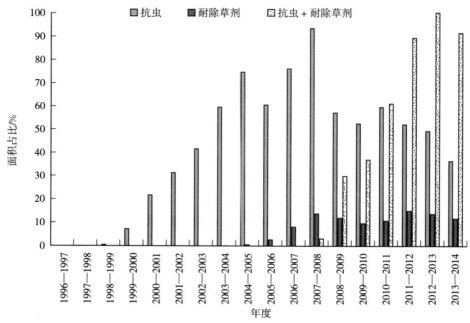

图 3-4　阿根廷转基因玉米种植面积占比
数据来源：阿根廷生物技术信息和发展委员会。

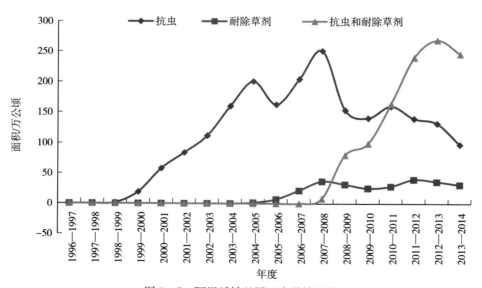

图 3-5　阿根廷转基因玉米种植面积
数据来源：阿根廷生物技术信息和发展委员会。

4. 棉花　2013—2014 年，阿根廷种植的棉花（55 万公顷）全部为转基因品种，抗虫和耐除草剂复合性状转基因品种的种植面积占了 88％（48.4 万公顷），耐除草剂草甘膦品种占 12％（6.6 万公顷）。自 2011—2012 年以来，阿根廷农民已停止使用单一的 Bt 抗虫棉品种。2009 年 12 月，阿根廷批准了首个棉花复合性状品种，即孟山都公司的 MON1445×Mon531（抗虫和耐除草剂）。

图 3-6 显示了阿根廷转基因棉花种植面积占棉花总种植面积的比例，图 3-7 显示了阿根廷转基因棉花种植面积。

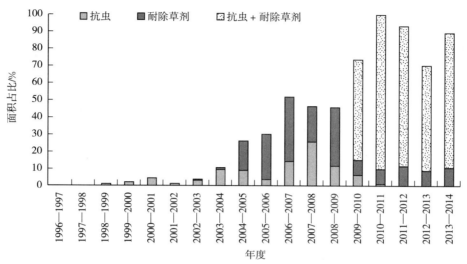

图 3-6 阿根廷转基因棉花种植面积占比

数据来源：阿根廷生物技术信息和发展委员会。

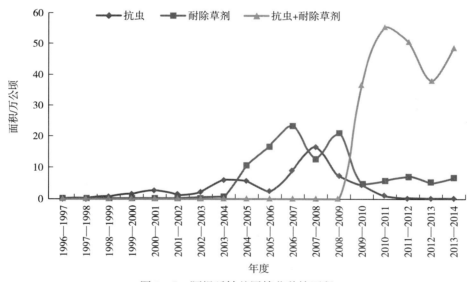

图 3-7 阿根廷转基因棉花种植面积

数据来源：阿根廷生物技术信息和发展委员会。

（三）出口

阿根廷是转基因产品的净出口国，产品销往全球各个市场，包括美国。出口文件须声明转基因种子的含量。阿根廷批准的所有品种均已获得美国的批准。

（四）进口

阿根廷是转基因农作物生产大国，除偶尔从巴西或美国进口少量的农产品以外，一般不进口转基因农产品。

二、监管政策

（一）规章制度

2012 年 3 月 16 日，阿根廷农业部长宣布实施新的农业生物技术监管制度。修改后的监管制度，将新品种的审批时间从 42 个月缩减至 24 个月，极大地提高了审批效率，有利于生物技术产业的发展。国家农业生物技术顾问委员会（CONABIA）的专家表示，自 1999 年以来，阿根廷的审批时间已提速三倍。但截至 2015 年阿根廷的审批流程仍然要比巴西慢一些。

新农业生物技术监管制度实施后，有助于减少官僚主义。不仅许多品种获得了批准，而且农业部还邀请产业部门提出技术建议，以提高监管效率。

新农业生物技术监管制度是阿根廷多个部门经过两年共同努力的结果。2010 年 12 月，阿根廷农业部长 Lorenzo Basso 与阿根廷种子协会签订了一份协议，针对阿根廷监管制度中存在的问题，起草了一份工作计划。随后他们组建了五个工作组，每个工作组针对批准过程的不同阶段进行了分析，并提出改进和提高效率的建议，最后形成了新农业生物技术监管制度，即第 701/2011 号和第 661/2011 号决议，它们将替代第 39/2003 号决议。

转基因品种的评估采用个案分析原则，只有当其对环境、农业生产、人类或动物的健康可能存在风险时，才考虑采用科学技术标准对其转化过程进行评估。阿根廷的法规都是基于转基因品种具体特性和获取行为制定的。

（二）监管部门

1. 生物技术指导局（the Biotechnology Direction） 阿根廷农业部于 2009 年建立了生物技术指导局，是对生物技术活动与信息进行监管的核心部门。该部门主要负责协调三方面的工作，分别是生物安全评价、政策分析与制定、规章制度的设计。

2. 国家农业生物技术咨询委员会（CONABIA） 主要职责是从技术和科学角度，评估引进的转基因作物可能对阿根廷农业环境产生的影响，负责审议有关转基因作物及其衍生产品或获得的其他产品的试验和环境释放问题，并向秘书处提供咨询和建议。CONABIA 是一个多学科的机构组织，由与农业生物技术有关的公共机构、学术机构与私营企业的代表组成，但成员均以个人履行职责，不作为其部门的代表，积极参与生物安全及相关监管流程的国际讨论活动。

根据新监管制度，CONABIA 的评估时限为 180 天。以前由于没有时间表，该机构的批准流程要花 2 年时间。新监管制度还创建了事先协商制度，提交材料的形式也有新的变化，可以采用电子表格的形式，相比以前的纸质文件，可以使不同机构同时获得文件，从而加快了审批流程。

CONABIA 自成立起，审核了 1 500 项许可证申请，并根据部门需求研发了一些新的能力。CONABIA 是一个按照农业部决议运作的咨询机构，没有执法权。

3. 国家农业食品卫生与质量服务局（SENASA） 职责是负责评估生物技术作物生产的、供人和动物消费的食品的生物安全。

4. 国家农产品市场指导局（DNMA） 职责是评估出口市场对商业的影响，编写相应的技术报告，以避免对阿根廷的出口产生不利影响。DNMA 主要是根据对目的地市场的研究，分析转基因产品的现状。他们的重点是了解该产品是否已经获得批准，以具体评估从阿根廷出口到这些市场的转基因产品是否有潜在风险。新监管制度对 DNMA 的出口市场商业影响评估提出了时限要求，即在 45 天内完成，而此前并无时间限制。

5. 国家种子研究所（INASE） 职责是负责确定国家栽培品种注册标准和要求。

针对上述几个部门的工作，CONABIA 技术协调办公室将编撰各种相关资料，并起草一份总结报告提交给农业、畜牧业、渔业和粮食部，以便做出最后决定。

（三）批准

表 3-2 给出了阿根廷批准的转基因作物。

表 3-2　阿根廷批准的转基因作物

作物	特性分类	品种名称	申请单位	决定批号和时间
大豆	耐草甘膦除草剂	40-3-2	Nidera S. A.	SAPyA NO 167 （1998 年 3 月 25 日）
大豆	抗草铵膦	A2704-12	拜耳 S. A.	（2011 年）
大豆	抗草铵膦	A5447-127	拜耳 S. A.	（2011 年）
棉花	抗鳞翅目害虫	MON531	孟山都公司	SAGPyA NO 428 （1998 年 7 月 16 日）
棉花	耐草甘膦除草剂	MON1445	孟山都公司	SAGPyA NO 32 （2001 年 4 月 25 日）
棉花	抗鳞翅目害虫、抗草甘膦	MON1445×MON531	孟山都公司	（2009 年）
玉米	抗鳞翅目害虫	176	Ciba-Geigy	SAGPyA NO 428 （1998 年 1 月 16 日）
玉米	抗草铵膦	T25	AgrEvo 公司	SAGPyA NO 372 （1998 年 6 月 23 日）
玉米	抗鳞翅目害虫	MON810	孟山都公司	SAGPyA NO 429 （1998 年 7 月 16 日）
玉米	抗鳞翅目害虫	Bt11	Novartis Agrosemm 公司	SAGPyA NO 392 （2001 年 7 月 27 日）
玉米	耐草甘膦除草剂	NK603	孟山都公司	SAGPyA NO 640 （2004 年 7 月 13 日）
玉米	抗鳞翅目害虫、抗草铵膦	TC1507	陶氏益农公司与先锋公司	SAGPyA NO 428
玉米	耐草甘膦除草剂	GA21	先正达种子公司	SAGPyA NO 640 （2005 年 8 月 22 日）
玉米	耐草甘膦除草剂和抗鳞翅目害虫	NK603×MON810	孟山都公司	SAGPyA NO 78 （2007 年 8 月 28 日）
玉米	抗鳞翅目害虫及耐草铵膦、草甘膦	1507×NK603	陶氏益农公司和先锋公司	SAGPyA NO 434 （2008 年 5 月 28 日）
玉米	耐草甘膦除草剂、抗鳞翅目害虫	Bt11×GA21	先正达种子公司	（2009 年）
玉米	抗鳞翅目害虫	MON89034	孟山都公司	（2010 年）
玉米	耐草甘膦除草剂、抗鳞翅目害虫	MON88017	孟山都公司	（2010 年）
玉米	耐草甘膦除草剂、抗鳞翅目害虫和甲虫	MON89034×88017	先正达农艺公司	（2010 年）
玉米	抗鳞翅目害虫	MIR162	先正达农艺公司	（2011 年）
玉米	抗鳞翅目害虫、耐草甘膦和草胺膦除草剂	Bt11×GA21×MR162	先正达农艺公司	（2011 年）
玉米	耐草甘膦和 ALS 类除草剂	DP-098140-6	先锋公司	（2011 年）
玉米	抗甲虫	MIR 604	先正达农艺公司	（2012 年）
玉米	抗鳞翅目害虫和甲虫、耐草甘膦和草胺膦除草剂	Bt11×MIR162× MIR604×GA21	先正达农艺公司	（2012 年）

（续）

作物	特性分类	品种名称	申请单位	决定批号和时间
玉米	抗鳞翅目害虫和甲虫、耐草甘膦和草胺膦除草剂	MON89034×TC1507×NK603	陶氏益农公司	（2012 年）
玉米	抗鳞翅目害虫和耐草甘膦除草剂	MON89034×NK603	孟山都公司	（2012 年）
大豆	抗鳞翅目害虫和耐草甘膦除草剂	MON87701×MON89788	孟山都公司	（2012 年）
大豆	抗咪唑啉酮	CV127	巴斯夫公司	（2013 年）
玉米	抗鳞翅目害虫、耐草甘膦和草胺膦除草剂	TC1507×MON810×NK603 TC1507×MON810	先锋公司	（2013 年）
玉米	抗鳞翅目害虫、耐草甘膦和草胺膦除草剂	Bt11×MIR162×TC1507×GA21 和所有中间复合性状品种	先正达农艺公司	（2014 年）

（四）田间试验

阿根廷允许开展转基因作物田间试验，但目前由国家农业生物技术咨询委员会进行试验的田间作物是保密的。

（五）复合性状品种

复合性状品种的批准都是基于个案分析原则。申请人需要同时向农业部（生物技术指导办公室）和国家农业食品卫生与质量服务局（SENASA）提交一份申请函，要求对特定的复合性状转基因品种进行商业化授权。

评估内容主要是针对复合性状品种中的单个来源品种的基因或蛋白质是否会出现相互代谢作用的情况。另外，为了评估复合性状品种对生态系统和食用安全评价，CONABIA 和 SENASA 将决定是否需要申请者提供其他资料。

（六）可追溯性

阿根廷到 2015 年还没有建立官方的可追溯体系。只有私营公司（授权的实验室）才能进行所需的测试。例如，国家农业技术研究院（INTA）可根据私营公司提供的情况进行分析。

（七）共存

截至 2015 年，阿根廷还没有制定有关共存的政策，也没有提出相关的规则。

（八）标识

阿根廷在生物技术产品标识方面没有具体的法规。现行的监管体系都是基于产品的特性和已确定的风险，而不是依据产品生产过程。

在国际论坛上，农业部的标识政策是以特定生物技术种子生产的食品类型为依据，同时应考虑下列因素：

（1）通过生物技术获得的食品与常规食品在特性上实质等同时，不应受到强制性标识约束；

（2）通过生物技术获得的食品在某些特性上与常规食品有很大差别时，应根据其食品特性进行标识，而不是根据环境保护或生产过程而进行标识；

（3）差异化标识并不合理，因为没有任何证据证明通过生物技术生产的食品会给消费者健康带来风险；

（4）就农产品而言，大多数农产品都是商品，其鉴别过程复杂而且成本高。因此，增加标识的成本最终将由消费者负担，这不能确保信息公开会增加食品安全性。

（九）贸易壁垒

阿根廷不会对转基因产品贸易产生负面影响的贸易壁垒。

（十）知识产权

阿根廷是农业生物技术产品的主要生产国与出口国，但目前尚无适合且有效的制度来保护植物新品种或与植物技术相关的知识产权。对未经批准使用受保护品种的种子的惩罚微不足道。阿根廷的司法执行程序是为防止未经许可就商业使用受保护的品种，但该程序同样效率低下。

阿根廷知识产权法规以《国际植物新品种保护公约》（1978 年文本）（UPOV - 78）为基础，该法对农民保种和使用种子的权利提供了强有力的保护，而且无须解释他们是如何使用所选种子的。由于植物品种权缺少有效的执行机制，加上大多数生物技术发明缺少专利保护，使得阿根廷知识产权系统从生物技术产业的角度来看是非常不完善的。

2004 年 1 月，孟山都公司宣布它将终止在阿根廷的投资和停止销售抗草甘膦转基因大豆（Round Ready soybean，RR）。据孟山都公司说，核心问题是难以从阿根廷种植者那里全部收取与该技术有关的特许权使用费。孟山都公司申请过 RR 大豆专利，但遭到拒绝，后来向阿根廷最高法院上诉失败。阿根廷现行法律规定，如果农民向育种家交付了特许权使用费，就可以留出当年收获的种子供来年种植。但任何买卖种子或在生产者之间相互传递保存种子的行为均属非法。

2004 年 5 月，阿根廷国家种子研究所实施了第 44/2004 号决议，要求每袋种子都要标明种子的数量、单价、总销售价，以及种子的物种、类型或品种。

由于非法种子销售持续不断，孟山都公司于 2005 年在欧洲国家采取了一些法律行动，即未经许可不得运送含有 RR 基因的大豆、豆粉及其他豆制品，但是这些法律行动未获成功。

1. 孟山都公司与农民签订合同 2011 年，孟山都公司向阿根廷提供新大豆品种 RR2Y 和 RR2YBt 之前，起草了一份供与农民签订的私人协议。到 2015 年，已有 8 000 个农民签订了该协议，覆盖面积达 1 100 万公顷（占总面积的 60.7%）。该协议不涵盖第一代抗草甘膦除草剂的大豆品种 40 - 3 - 2。

该协议要求农民使用大豆品种 RR2Y 和 RR2YBt 时，承诺做到以下事项：

——从孟山都公司或向孟山都公司授权的许可人购买；

——仅在阿根廷国内种植；

——每次使用时都要支付相应的特许权使用费，如购买认证过的大豆种子，种子袋上，要么说明种植后仅供自己使用，要么将其产品交付给相关的出口商或仓储经营商；

——农民支付了特许权使用费后，就有权在国内种植，并将收获的大豆商业化；

——相关的出口商或仓储经营商有权评估所收大豆里是否含有 RR2Y 和 RR2YBt 品种；

——相关的出口商或仓储经营商应将收到的产品商业化；

——孟山都公司建立的商业化系统，应符合阿根廷种子协会规定的优良农业措施系统的要求；

——在种植期间，孟山都公司与农民一起，对种植的地块进行地理定位；

——孟山都公司有权通过取样检查来评估农民大田里是否种有 RR2Y 和 RR2YBt 大豆；

——如果将大豆交付给相关的出口商或仓储经营商之前未支付特许权使用费，则应由 RR2Y 和 RR2YBt 产品的接收方代为支付，这可能会导致大豆交易和付款方式的调整。

孟山都公司与农民签订的协议并不代表对 RR2Y 和 RR2YBt 技术和品种权的转让，只是对种植、商业化产品所应遵守的协议条款进行了规定。

由本协议引起的或与本协议有关的任何争议争论，可根据任何一方的选择，由罗萨里奥贸易促进会粮食仲裁委员会和布宜诺斯艾利斯粮食仲裁委员会解决。

2. 生物安全法　阿根廷还没有制定和实施生物安全法。2001 年曾起草了一份生物安全法草案，并开展了初步讨论，但由于 2001 年 12 月爆发的经济危机，国会再也没有讨论过这一草案，近期也不会重新启动讨论，生物安全法的制定被认为是一个长期目标。

3. 种子法新提案　阿根廷现行的《种子法》允许生产者在自己的农场连续种植，但农民不能销售种子。这意味着农民只需在购买种子时支付特许权使用费，再次播种时无需再支付。据官方统计，阿根廷种植的大豆中，20％是从特许经销商那里购买的种子，30％是农民留下的种子，剩余 50％为非法选用和销售的种子。

新种子法提案目前已提交农业部，等待合适的时期提交国会讨论。新种子法的一些建议如下：

——在农业部范围内成立国家农民登记机构；

——除了获得"豁免"权的农民外，禁止农民自行留种和使用生物技术种子，但因没有为农民设定大小限制的定义，农民有资格获得例外。

——农民在购买种子时，应支付特许权使用费，在出售收获的产品时，农民可出示购买发票。如果他们不能提供购买证明，在出售收获的产品时必须支付许可使用费。

——如果农民违法，国家种子研究所应设定相应的权限，并制定一套处罚措施。

（十一）《卡塔赫纳生物安全议定书》

在国际生物技术谈判领域，《卡塔赫纳生物安全议定书》可能是最重要的问题。2001 年 5 月，阿根廷在肯尼亚内罗毕签署了议定书，但至今仍未签署该议定书的批文，相关部门还在协商过程中，分析和讨论阿根廷在生物安全领域所处的地位。

（十二）国际条约/论坛

1. 食品法典委员会和其他协议　2009 年，阿根廷主持召开了转基因食品分析方法法典工作组会议。此外，阿根廷积极致力于推进全球在生物技术标识问题上达成一致，积极参与活动，避免可能出现的贸易中断和不必要的成本增加。

2. 阿根廷、巴西与美国之间的玉米联盟（MaizALL）**协议**　作为转基因玉米的主要生产和出口国，阿根廷、巴西和美国在向全球销售玉米及其副产品的同时面临诸多相同的困难。因此，建议国际玉米联盟与他们及其他志同道合的国家一道解决下列问题：

（1）全球非同步与非对称性审批。阿根廷、巴西与美国政府及行业要统一发声，提倡主要的农产品进口国政府实现生物技术产品的全球同步审批，并促进制定进口国尚未批准的转基因品种低水平混杂（LLP）政策。

（2）协调美洲的监管政策。为协调全球转基因监管审批过程，美国和南美洲的玉米行业希望达成统一的监管政策，最终达到在这些国家内审批结果互认的目标。

（3）现代农业通信。

大家一致认为，需要让消费者更好地了解农业生产，包括生物技术的优点，并提高全球对将生物技术产品应用于食品、饲料和燃料的接受程度。

（十三）相关问题

1. 阿根廷正在制定针对新育种技术的管理政策　新育种技术（NBT）在定向诱变、无人工痕迹等方面的特性给监管部门提出了新挑战，当前的规章制度不一定适应或涵盖新育种技术产品。自 2012 年以来，阿根廷组织了专家分析了这一问题，并对大多数的监管得出了初步结论。

在 2013 年和 2014 年召开的多次会议中，国家农业生物技术顾问委员会（CONABIA）将新育种技术纳入其议事日程，与研发商、学术界及研究人员咨询工作，就某些技术是否纳入或排除在转基因立法监管范围做出决定。

2. 阿根廷政府的 15 年战略规划　该规划建议多样化应用生物技术，包括使用各种工具和进行各种生产活动。规划主张在政治、法律和公众接受程度等方面创造合适的环境，建立和发展生物技术公司，以及兼并现有的生物技术公司。该规划旨在帮助提升农业生产水平，提高人民生活质量。规划的优点之一是其灵活性，能否完成规划取决于制定并实施的具体进度，包括修订目标、目的及主要行动。

（十四）监测与测试

目前，阿根廷还没有建立监测系统，尚未批准转基因油菜商业化，如果出口货物为油菜籽，国家种子协会要求出口商提供一份书面说明，并对货物成分进行检测。

（十五）低水平混杂政策

2012 年，来自生物技术产品主要出口国的代表在阿根廷成立了以转基因作物为重点的创新农业技术小组，并召开了第一次会议，确定了该组织的规模、目标及优先重点问题等。会议达成的一致认识包括：需要大幅提升农业生产水平才能满足全球的粮食需求；农业技术创新在应对挑战中持续发挥关键作用；强调监管方法应以科学为基础。该小组为全球农业合作奠定了基础，特别是在研究和教育领域，促进《食品法典》的应用，支持将生物技术科学地应用于食品、饲料和环境安全评估。该小组于 2014 年 8 月在巴西利亚再次召开会议。

三、市场营销

（一）市场接受程度与公众/私人的意见

孟山都公司在科尔多瓦省的种子工厂建设停工。2012 年，自孟山都公司宣布在科尔多瓦省建设新工厂后，一些非政府组织和消费者协会对此表示深切关注，并发表了许多可能对人类健康与环境带来负面影响的文章。2014 年，反对声浪达到顶峰，当地环境保护组织的极端主义封锁工地长达 3 个月之久，阻碍工人完成工厂建设。据称，具有职权的省环境保护部门却违反了环境法。一名劳动者向法院提起上诉，要求裁定该工厂的建设违法，并停止工地施工，直到重新完成环境评估，确保该工厂今后对该地区无不良影响。据估计，环境评估工作最快得到 2015 年 2—3 月才能完成。

由于孟山都公司建工厂的问题已在电视与报纸上公之于众，其他一些环境保护组织在首都和其他省组织了示威游行。他们主要质疑生物技术产品可能有潜在的污染、毒性及致敏性。

尽管如此，大多数阿根廷科学家和农民对利用生物技术来增产和提高作物营养价值，同时减少农药投入的前景仍表现出乐观和热情的态度。阿根廷消费者并不认为生物技术产品对他们自身有益，但他们看到这些生物技术产品对农民和跨国种子公司产生了很好的经济效益。所以，对于是否支持生物技术，消费者仍犹豫不决。阿根廷在采用生物技术方面一直处于领先地位，因此，科学家、农民、私营公司、消费者、政府和监管机构之间应该加强对话与沟通。

（二）市场营销研究

国家层面还没有对转基因植物及其产品的市场营销作专项研究。

第三部分 动物生物技术

一、生产与贸易

(一) 转基因动物

阿根廷是拉丁美洲第一个培育了两代转基因牛的国家。由 Biosidus 公司培育的转基因牛——潘帕曼萨Ⅱ号、潘帕曼萨Ⅲ号和帕佩罗（Pampa Mansa Ⅱ，Pampa Mansa Ⅲ and Pampero），带有一个能在牛奶里产生人生长激素的基因。据估计，当前阿根廷有 1 000 名儿童需要这种激素治疗，仅一头奶牛产出的奶就能满足整个国家的需求。国家农业生物技术顾问委员会（CONABIA）和国家农业与食品卫生和质量局（SENASA）已经批准了该奶牛生产用于生产人类生长激素。下一步将需要获得卫生部的批准，这项工作仍在进行中。

2007 年，Biosidus 公司经过多年研究，投资 400 万美元，培育出另外一种可以生产胰岛素的转基因牛，第一头牛犊名为"巴塔哥尼亚（Patagonia）"。25 头该转基因牛生产的胰岛素能满足阿根廷一年的需求量，而且成本较低（比现在使用的胰岛素低 30%）。这一举动的目的就是生产足够的胰岛素，以便在不久的将来能够出口。

2008 年底，Biosidus 公司的王牌产品转基因牛"Porteña"诞生，该转基因牛能产生更多生长激素，使牛奶产量增加 20%。因此，阿根廷将成为世界顶级牛奶生产国和出口国。王牌产品转基因牛"Porteña"并非以医药市场为重点，而是针对农村，因为农村总是用其他来源的牛生长激素来增加奶的产量。因此，这种新产品总体上是用于出口，主要出口市场是美国、墨西哥和巴西等国。

来自国家农业技术研究院（INTA）和圣马丁大学的科学家联合研发出了第一头转基因牛，他们将两个人类基因序列转入到牛的基因组中，使其生产的牛奶中含有人奶中的 2 种蛋白质——乳铁蛋白和溶菌酶。这种牛奶可以给婴幼儿提供更好的抗菌和抗病毒保护，同时对铁的吸收也比普通牛奶更好。该转基因牛于 2011 年 4 月 6 日出生，15 个月后采用人工诱导哺乳，科学家们确认其牛奶中确实含有人乳铁蛋白和溶菌酶 2 种蛋白质。

(二) 克隆动物

关于克隆动物的研究，阿根廷大约始于 1994 年，当时生物与研究医学研究所（IByME）正在进行一项试管牛研究。该项目是与英国爱丁堡罗斯林研究所合作进行的，后来又通过日本机构（JAICA）与日本研究小组进行了合作。刚开始，该项目难以得到足够的资金支持，试管试验阶段后就停止了。1997 年多莉克隆在英国诞生，在这之前，阿根廷没有利用体细胞克隆技术培育出动物胚胎。随着资助克隆研究的团体增加，某些私营公司也开始克隆研究，重点是培育具有较高遗传价值的克隆动物。

2002 年，Biosidus 公司成为阿根廷第一家实现克隆动物的公司，培育出用于生产药物和人类生长激素的转基因母牛。2006 年，Goyaike 公司和美国西亚格拉公司合作，也成功培育出克隆牛，它主要是为大型农场主提供克隆动物的技术服务。随后，国家农业技术研究院（INTA）和圣马丁大学也相继培育出克隆牛；阿根廷新千禧公司（New Millenium）克隆出山羊、绵羊、猪和牛；BioSidus 公司还能克隆马球马（polo horse）。

基于转基因技术和克隆技术的特点，Biosidus 公司培育了用于生产功能食品的转基因奶牛。功能食品指能提供超出传统食品的营养、改善人类健康或增进人类福祉的转基因食品。Biosidus 公司着重培育能生产含有纳米抗体奶的转基因动物，纳米抗体是从抗轮状病毒的重链免疫球蛋白衍生而来的。纳米抗体具有中和轮状病毒和胃肠道传染病病原体的能力，胃肠道传染病病原体是导致阿根廷和其他新兴国家婴儿死亡的主要原因。选择牛奶作为治疗性抗体载体的原因在于儿童普遍饮用牛奶，且儿童又是最易受到轮状病毒感染的人群。这项技术可以用于其他抗体研发，以获得含有能抵抗其他传染性病原体的纳米抗体牛奶。

2012年，布宜诺斯艾利斯大学的研究人员宣布，他们正在改进克隆技术用于克隆区域濒危动物品种。目前，他们正在从事猫科动物研究，而且已经成功培育出非洲猎豹与老虎的离体胚胎。阿根廷科学家采用的技术引起了印度研究人员的关注，他们在实验室工作了一个月，采用同样方法在自己的国家创建了世界上最大的"冷冻动物园"。

阿根廷有一家公司和一个公共机构能提供商业克隆服务，主要是服务于种畜；还有一家公司培育了药用转基因动物。阿根廷已有300多头克隆动物，为了便于控制（主要是克隆动物的所有权），阿根廷乡村协会成立了系谱登记机构。克隆动物培育成本昂贵，难以进入食品链。

二、监管政策

（一）法律法规

对转基因动物的监管制度与对转基因植物的监管相同，评估工作依据个案分析原则进行。负责评估的相关机构包括阿根廷国家农业生物技术顾问委员会（CONABIA）、国家农业食品卫生和质量局（SENASA）和国家农业食品市场指导中心等。有关药用方面的评估，则由国家药品、食品和医疗技术管理局（ANMAT）负责。

现在实施的是2003年发布的57号标准。针对用于实验的转基因进口动物，阿根廷政府根据第177/2013号决议制定了一份表格，要求进口商填写。

阿根廷目前正在确定关于克隆技术的政策。阿根廷同意美国的立场，即与传统食品相比，克隆动物不会对食品供应带来额外风险。阿根廷目前的态度是，无需对克隆动物食品制定特殊法规，只有它们符合现行立法规定的一般安全要求，才有可能进入食品链。

（二）标识与可追溯性

阿根廷已有300多头克隆动物，为了便于控制（主要是克隆动物的所有权），阿根廷农村协会建立了系谱登记处。但这并不是阿根廷政府采用的官方可追溯性系统。近期，克隆动物不太可能进入食品链，因为它们的生产成本仍然很高。

（三）贸易壁垒

目前尚未发现阿根廷存在转基因动物或克隆动物的贸易壁垒。

（四）知识产权

阿根廷还没有知识产权立法。

（五）国际公约/论坛

阿根廷对体细胞核移植（SCNT）克隆问题一直非常积极主动。政府代表已经与包括美国在内的其他国家代表举行过多次双边会议。阿根廷各研究中心（主要是布宜诺斯艾利斯大学、圣马丁大学及国家农业技术研究所）的科学家与美国、加拿大、澳大利亚、新西兰及欧盟等国家或地区的同行也有合作。

（六）畜牧业动物克隆联合声明

2010 年 12 月、2011 年 3 月和 11 月及 2012 年 4 月和 9 月在布宜诺斯艾利斯分别召开了政府间会议，旨在交流关于农业食品生产的克隆家畜的监管及贸易问题。阿根廷、巴西、新西兰、巴拉圭、乌拉圭及美国的政府代表认识到，越来越大的压力放在有限的资源上应对日益严峻的粮食安全挑战、农业创新的重要性，以及农业技术在应对日益增长的世界人口需求的挑战方面发挥的重要作用。他们也注意到，有关体细胞核移植家畜克隆的法律法规，正如农业领域的其他技术的管理法规一样，会影响贸易与技术转让。因此，邀请其他政府作出联合声明，要点如下。

（1）与农业技术相关的监管方式必须以科学为基础，除了完成合法目标的必要措施以外，不设置限制贸易的额外规定，而且应该符合国际义务。

（2）世界各地的专家、科学机构评估了体细胞核移植克隆对动物健康的影响和克隆家畜食品的安全性。没有证据表明来自克隆家畜及其后代的食品安全性比来自常规培育的家畜食品低。

（3）有性繁殖的体细胞核移植克隆家畜后代不是克隆家畜。这些后代与该物种有性繁殖的其他任何动物相同。对克隆后代与该物种的其他动物后代的监管加以区分，在科学上没有合理依据。

（4）专门针对来自克隆家畜后代的食品限制——如禁令或标识要求，可能会对国际贸易产生负面影响。

（5）解决克隆家畜后代的任何审计与措施都不可能合法应用，反而会给家畜生产者带来麻烦，以及不成比例和不必要的负担。

2011 年 3 月 16 日联合声明于布宜诺斯艾利斯制定并公告。

三、市场营销

（一）市场接受力与公众和私人的意见

是否赞成培育转基因动物，目前尚无反应。主要原因可能是培育的第一批母牛是用于制药的，一般而言，引起的反应就少。

（二）市场研究

该国尚未对动物生物技术进行相关的市场研究。

巴西农业生物技术年度报告 ⠶⠶

　　报告要点：巴西是世界上第二大转基因作物生产国。2015—2016 作物种植年，巴西转基因作物的种植面积增加 3%，达到 4 200 万公顷，主要归因于转基因大豆和玉米的使用率提高，以及农民获得信贷补贴的机会增加。2015 年，新批准转基因玉米品种 8 个，其中复合性状 7 个；新批准转基因大豆品种 1 个。

第一部分　执行概要

2014年，巴西与美国的双边农业贸易额已达65亿美元，比上年增长了4.3%。巴西向美国出口农产品和食品价值达48亿美元，从美国进口农产品价值为17亿美元。美国对巴西的农业出口主要是当地短缺的初级产品，如小麦，而消费品只占约20%。一方面，巴西当前经济面临困境，加上货币贬值，预计2015年美国出口到巴西的农产品数量会有所下降；另一方面，美国农产品比其他大供应商的产品价格更高，并且缺少竞争力，2015年巴西出口到美国的农产品有望增加。

巴西是农产品生产与出口大国，如大豆、棉花、糖、可可、咖啡、冷冻浓缩橙汁、牛肉、家禽、猪肉、烟草、兽皮、水果、坚果、鱼制品及木制品等。因此，美国与巴西往往是第三方市场的竞争对手，巴西主要向美国出口糖、咖啡、烟草、橙汁和木制品。

巴西正在通过增加农业生产来应对世界较高的粮价与可能出现的粮食短缺，粮食与油料生产已由1991年的6 000万吨增加到2014—2015年的2.2亿吨，增幅高达267%。与此同时，耕地面积也从1991年的3 850万公顷增加到2015—2016年的5 700万公顷，增幅为48%。

2015年5月，巴西宣布2015—2016年（2015年10月至2016年9月）的贴息贷款限额为2 166亿雷亚尔（合700亿美元），总金额比上年同期增长20%。由于农业援助计划的支持，2015—2016年种植者愿意采用生物技术的比率有所增加，平均能达到玉米、大豆和棉花总种植面积的78%。据科技部介绍，巴西现在是仅次于美国的世界第二大生物技术生产大国。

第二部分　植物生物技术

一、生产与贸易

(一) 产品研发

巴西公共研究机构与跨国种子公司正着力研发各种转基因植物。2015年，有许多转基因作物在等待商业批准，其中最重要的是甘蔗、马铃薯、木瓜、水稻与柑橘。除甘蔗外，大多数作物处于初期研发阶段，5年内不会获得批准。

(二) 商业化生产

截至2015年7月，巴西有45个转基因品种获准商业化种植，其中玉米25个、棉花12个、大豆6个、旱生食用豆1个，最近又培育了一个桉树品种。自巴西批准第一个转基因大豆品种商业化以来已有10年，2014年，巴西转基因作物种植面积已达4 200万公顷，巴西成为世界第二大转基因作物生产国，其中耐除草转基因品种采用率达65%，抗虫作物占19%，复合性状作物占16%。

大豆：2014—2015年，转基因大豆种植面积约为2 900万公顷，同比增长了9%。在全部大豆种植面积中，转基因大豆采用率为93%。

玉米：2014—2015年，转基因玉米的种植面积（包括冬作和夏作）为1 300万公顷，增幅不到1%。在全部玉米种植面积中，转基因玉米采用率为83%。

棉花：2014—2015年，转基因棉花种植面积为60万公顷，在全部棉花种植面积中，转基因棉花采用率占67%。

旱生食用豆：旱生转基因食用豆到2011年才获批准，有望在2015—2016年实现大规模种植。

桉树：转基因桉树近期才获批准，到2015—2016年才能大规模种植。

(三) 出口

巴西是转基因大豆、玉米和棉花的主要出口国之一。中国是巴西转基因大豆和棉花的主要进口国，其次是欧盟。巴西也被认为是传统大豆的最大出口国。

(四) 进口

依据巴西法律，只有获得国家生物安全技术委员会（CTNBio）批准后在巴西进行商业化生产的转基因作物才能进口。国家生物安全技术委员会对转基因产品进口的批准依据个案原则。为了弥补生产不足，巴西从阿根廷进口转基因玉米，从美国进口转基因棉花。

(五) 粮食援助

巴西是不接受美国粮食援助的国家，今后也不可能接受。但巴西却是非洲与中美洲一些国家的粮食援助国。巴西主要援助大米和大豆，但都不是生物技术产品。

二、政策

(一) 规章制度

巴西有关农业生物技术的规章制度已在2005年3月25日颁布的第11105号法规中列出。该法规已经按 2007 年第 11460 号法规和 2006 年第 5591 法规作了修订。巴西有两大主管机构监管农业生物技术。

1. 国家生物安全委员会（CNBS） 该委员会隶属于巴西总统办公室，负责国家生物安全政策的制定和实施，并为主管生物技术的联邦机构制定行政行为的原则和方针，评估有关批准生物技术产品商业化后所产生的社会经济影响与国家利益。国家生物安全委员会不负责安全方面的评估。在总统办公室主任的领导下，国家生物安全委员会由总统办公室的 11 位内阁成员组成，任何相关问题至少需要有 6 位成员同意方可批准。

2. 国家生物安全技术委员会（CTNBio） 国家生物安全技术委员会是依据巴西第一部生物安全法（第 8974 号法规）于 1995 年成立的。按照现行法律，国家生物安全技术委员会由 18 名成员增加到 27 名。其中，包括联邦政府 9 个部的官员代表，来自 4 个领域的（动物、植物、环境和卫生）12 名科技专家（每个领域 3 名），以及 6 名其他领域的专家，如消费者保护和家庭农场。国家生物安全技术委员会由科学技术部进行管理，其成员任期 2 年，可以连任。所有生物技术问题全部由国家生物安全技术委员会负责评估。进口含有转基因作物的动物饲料、深加工的农产品、直接消费食品，以及宠物食品，必须先获得国家生物安全技术委员会批准。审批依据个案原则，无限期。

2007 年 3 月 21 日颁发的第 11460 号法规对 2005 年 3 月 24 日颁发的第 11105 号法规第 11 条进行了修订，规定新的生物技术产品必须获得国家生物安全技术委员会 27 名成员的多数赞成票后才能获得批准。

2008 年 6 月 18 日，国家生物安全委员会宣布，依据巴西生物技术法规定，其只审核涉及国家利益的行政申诉，包括社会经济问题。国家生物安全委员会不对国家生物安全技术委员会批准的转基因品种的相关生物技术进行评估，因此国家生物安全技术委员会对转基因品种的批复都是决定性的。这项重大决议及委员会的投票机制，消除了巴西转基因品种批准程序上的一个主要障碍。

（二）审批

巴西批准的转基因棉花、玉米、大豆品种见表 4-1、表 4-2、表 4-3。

表 4-1 巴西批准的转基因棉花品种

批准年份	性 状	申请公司	转化体名称	用 途
2012	耐除草剂、抗虫	拜尔公司	GHB614 T304-0×GHB1A	纺织品、纤维、食品、饲料
2012	耐草甘膦除草剂	拜耳公司	GHB14 LLCotton25	纺织品、纤维、食品、饲料
2012	耐除草剂	拜耳公司	GHB14 LLCotton25	纺织品、纤维、食品、饲料
2012	耐草甘膦除草剂	孟山都公司	MON15985 MON88913	纺织品、纤维、食品、饲料
2011	耐草甘膦除草剂	拜尔公司	T304-40×GHB119	纺织品、纤维、食品、饲料
2012	耐除草剂	拜尔公司	GHB614	纺织纤维、食品、饲料
2009	耐除草剂、抗虫	孟山都公司	MON531×MON1445	纺织品、纤维、食品、饲料
2009	抗虫	孟山都公司	MON15985	纺织品、纤维、食品、饲料
2009	抗虫、耐除草剂	陶氏益农公司	281-24-236/3006-210-23	食品、饲料
2008	耐除草剂	拜尔公司	LLCotton25	纺织纤维、食品、饲料
2008	耐除草剂、抗虫	孟山都公司	MON1445	纺织品、纤维、食品、饲料
2005	抗虫	孟山都公司	BCE531	纺织品、纤维、食品、饲料

表4-2 巴西批准的转基因玉米品种

批准年份	特 性	申请单位	转化体名称	用 途
2015	耐除草剂、抗虫	杜邦公司	TC1507、MON00810-6、MIR162、MON810	食品、饲料、进口
2015	耐除草剂	杜邦公司	TC1507×MON810、MIR162×MON603	食品、饲料、进口
2015	耐除草剂	孟山都公司	NK603×T25	食品、饲料、进口
2015	耐除草剂	陶氏益农公司	DAS40278-9	食品、饲料、进口
2014	抗草甘膦、抗虫	先正达种子公司	MIR604，Bt11×MIR162×MIR604×GA21	食品、饲料、进口
2013	耐除草剂、抗虫	陶氏益农公司与杜邦公司	TC1507，DAS59122-7	食品、饲料、进口
2011	耐除草剂、抗虫	孟山都公司	MON89034×MON88017	食品、饲料、进口
2011	耐除草剂、抗虫	杜邦（先锋）公司	TC1507×MON 810	食品、饲料、进口
2011	除草剂	杜邦（先锋）公司	TC1507×MON810×NK603	食品、饲料、进口
2010	耐除草剂、抗虫	孟山都公司	MON89034×TC1507×NK603	食品、饲料、进口
2010	耐除草剂、抗虫	孟山都公司	MON88017	食品、饲料、进口
2010	耐除草剂、抗虫	孟山都公司	MON89034×NK603	食品、饲料、进口
2010	耐除草剂、抗虫	先正达公司	BT11×MIR162×GA21	食品、饲料、进口
2009	耐除草剂、抗虫	杜邦巴西分公司	TC1507×NK603	食品、饲料、进口
2009	抗虫	孟山都公司	MON89034	食品、饲料、进口
2009	抗虫	先正达公司	MIR162	食品、饲料、进口
2009	耐除草剂、抗虫	孟山都公司	MON810×NK603	食品、饲料、进口
2009	耐除草剂、抗虫	先正达公司	BT11×GA21	食品、饲料、进口
2008	耐除草剂、抗虫	陶氏益农公司	Tc1507	食品与饲料
2008	耐除草剂	先正达公司	GA21	食品与饲料
2008	耐除草剂	孟山都公司	NK603	食品与饲料
2008	抗虫	先正达公司	Bt11	食品与饲料
2007	抗虫	孟山都公司	MON810	食品与饲料
2007	耐除草剂	拜耳作物科学	T25	食品与饲料
2005	耐除草剂、抗虫	拜耳公司	Cry9（C）NK603	饲料

表4-3 巴西批准的转基因大豆品种

批准年份	特 性	申请公司	转化体名称	用 途
2015	耐除草剂	陶氏益农公司	DAS68416-4	食品与饲料
2010	耐除草剂、抗虫	孟山都公司	MON87701×MON89788	食品与饲料
2010	耐除草剂	拜耳公司	A2704-12	食品与饲料
2010	耐除草剂	拜耳公司	A5547-127	食品与饲料
2009	耐除草剂	巴斯夫公司	BPS-CV127-9	食品与饲料

（三）田间试验

在巴西进行转基因田间试验之前，必须先获得国家生物安全技术委员会（CTNBio）的批准，而且研发人必须获得CTNBio颁发的生物安全资格认证。CTNBio规定所有研发人必须建立一个内部生物安全委员会，并评出每个具体项目的主要研究人员作为"首席技术官"。

（四）复合性状的批准

复合性状转化体视为新品种，其审批程序与单一性状的审批程序相同。据估计，巴西复合性状作物的种植面积占巴西转基因作物总种植面积的 20%。

（五）共存

2005 年 3 月颁布的第 11105 号法规建立了巴西生产和销售生物技术作物的法律框架。巴西传统的或非生物技术的作物是以农业区划和环境限制来生产的，主要适用于亚马逊生物群落。

1997 年 4 月 25 日颁布的第 9456 号法规《植物品种保护法》，建立了生物技术种子与非生物技术种子登记的法律框架。

根据 1997 年 11 月 5 日颁布的第 2366 号法令，农业、畜牧业和食品供应部建立了国家植物品种保护局，并对生物技术与非生物技术种子的登记作出规定。

国家生物安全技术委员会颁布的第 04/07 号标准，专门为转基因与非转基因玉米的共存制定了规则。

（六）标识

2015 年 4 月 29 日，巴西众议院以 320 赞成票对 135 反对票批准了第 4148/2008 号法规草案，修正现行的转基因标识法第 4680/2003 号法规令。新法规草案规定，如果最终产品中的转基因成分超过 1%，必须进行标识。另一个重大变化是撤销转基因标识中黄色三角上的黑色"T"符号。该法规草案已交参议院。

2004 年 4 月 2 日，总统内阁颁布了由 4 位内阁成员（分管民事、司法、农业和卫生）签署的 1 号标准指南，确定了第 2658/03 号法规要求产品必须贴上标识的条件是其转基因成分超过 1%。除联邦机构外，1 号标准指南还授权州/市消费者保护部门官员执行新的标识要求。

2003 年 12 月 26 日，司法部颁布了第 2658/03 号法规，批准实施转基因标识的各项法规。该法规适用于供人或动物消费的转基因含量超过 1% 的转基因产品，这项要求从 2004 年 3 月 27 日生效。

2003 年 4 月 24 日，巴西总统颁布了第 4680/03 号法规，确立供人或动物消费的食品和食品配料中转基因成分的容限为 1%。法规还规定应告知消费者产品的生物技术特性。

（七）贸易壁垒

巴西按照个案分析的原则允许进口生物技术产品。所有转基因产品的进口必须事先获得国家生物安全技术委员会批准。批准时要考虑食品安全、毒理学及环境因素，一般都是以科学为依据。批准后不会有其他贸易壁垒。

（八）知识产权

巴西现行的《生物安全法》，为新生物技术作物的研究和营销提供了明确的监管框架，鼓励巴西联邦政府接受和保护有益于农业的新技术。

孟山都、先正达、巴斯夫等跨国公司已与巴西农业和畜牧业研究企业签订了许可协议，这些企业与农业、畜牧业和食品供应部（MAPA）共同培育生物技术作物，主要是大豆、玉米和棉花。

一般而言，在新作物年开始时，技术供应商与巴西各州政府、农民协会协商付款协议，以便收取特许权使用费。孟山都公司还推行了一个出口许可计划，即在孟山都公司拥有抗草甘膦转基因大豆技术专利的国家，在目的港口收取转基因大豆及其产品运输特许权使用费。

孟山都公司还获得了南里奥格兰德州法院的强制令，即在州法院受理这一案件前，地方法官不得做出决定。据孟山都公司称，该州仍在继续收取特许权使用费。

（九）卡塔赫纳协议的批准

2003 年 11 月，根据联合国生物多样性公约，巴西政府批准了《卡塔赫纳生物安全议定书》。巴西政府基本支持美国政府提出的有关《卡塔赫纳生物安全议定书》及补充协议中的责任及补偿条款的立场，但有少数例外。其中，一个值得注意的例外是，巴西政府认为，针对非缔约国的规定已经无效，应反对严格的赔偿责任，并且应该对涉及赔偿的"经营者损害"进行严格限定。巴西政府还反对对转基因活体生物强制使用运输保险或其他金融工具。

（十）国际条约/论坛

像美国一样，巴西在国际论坛上提倡以科学为基础的标准与定义，以消除不科学的技术贸易壁垒。在国际研讨会上，巴西支持对转基因植物产品进行标识。

（十一）相关问题

在第三国开展联合推广活动时，巴西仍是美国的可靠合作伙伴。全球粮食安全及生物技术在其中的特殊作用是加强其合作的推动力。

（十二）监测与测试

农业、畜牧业和食品供应部（MAPA）负责对转基因作物品种的监测。根据现有立法，农业、畜牧业和食品供应部负责用于农业、畜牧业及工业相关领域的转基因品种的监督检查。卫生部也将通过国家监察局（ANVISA）检查这些品种的毒理情况，而环境部则通过巴西环境与可再生自然资源研究所（IBAMA）监测转基因品种对环境的影响。研发人内部生物安全委员会（CIBios）是监测与测试遗传工程工作和转基因生物的操作、生产与运输对生物安全法律法规实施情况的重要组成部分。

（十三）低水平混杂政策

巴西对未经批准的转基因食品与作物持零容忍态度。

三、市场营销

（一）市场接受度

在巴西，生产者普遍接受转基因作物。根据在农民中所作的最新全面调查，最近 3 年农民对转基因作物的接受率为 80%。

然而，肉类加工人员、食品加工人员、零售商（特别是遍布巴西的法国连锁超市的大卖场），以及普通民众难以接受生物技术。他们担心的是，环境保护和消费者协会牵头发起抵制其产品营销的活动，尽管检测已表明，在几种即将上市的产品中生物技术残留量极少。

巴西食品工业协会进行的调查表明，74%巴西消费者从未听说过生物技术产品。总的来说，巴西消费者脱离了生物技术的辩论，因为他们更关注食品的价格、质量和保质期。不过，也有少部分消费者回避转基因植物产品及其衍生物。

（二）公众/私人的意见

绿色和平组织发起名为"没有转基因，巴西更美好"活动，从而反对使用转基因作物，活动得到了某些环境保护及消费者协会的支持，其中包括环境部政府官员、部分政党、天主教教会以及无地农民运动组织。一般来说，在大型零售商与食品加工者中开展反对转基因作物与产品的活动比在普通消费者中开展更为有效。

（三）营销研究

有多家机构对转基因植物和产品在巴西市场的情况进行了专门研究，研究报告刊登在以下相关网站上（葡萄牙语），可登录查看。

（1）国家生物安全协会（Anbio）：http：//www. anbio. org. br/。

（2）生物技术信息委员会（CIB）：http：//www. anbio. org. br/。

（3）巴西食品工业协会（Abia）：http：//www. abia. org. br/。

第三部分 动物生物技术

一、生产与贸易

(一) 生物技术产品研发

巴西是世界上第二大转基因植物生产国，其在转基因动物研究方面已有十多年的历史，巴西农牧业研究企业已成功育出转基因奶牛，正在开展重组蛋白质研究工作，2013 年出生的 2 头小牛就是这项研究的一部分。另一项研究是用转基因技术改善肉牛健康和增加牛肉的产量。塞阿拉州育出 2 只转基因山羊，其高表达的人类抗菌蛋白可有效治疗猪仔腹泻。这是与加州大学合作研究的项目，此研究证明了转基因动物食品在改善人类健康方面的潜力。

在巴西农牧业研究企业的协调下，巴西建立了一个良好的克隆动物研究系统。巴西的克隆动物研究始于 20 世纪 90 年代末，主要研究牛。2001 年 3 月，巴西成功克隆了西门塔尔牛，取名"维多利亚"。第二头克隆牛出生于 2003 年，是克隆自名为"Lenda da EMBRAPA"荷斯坦奶牛。第三头克隆牛出生于 2005 年 4 月，是克隆自当地濒危奶牛品种"Junqueira"。

(二) 商业化生产

巴西没有商业化生产转基因动物。不过，有公司正在开展商业化的体细胞核移植克隆工作，多数都是与巴西农牧业研究企业合作，克隆品质优异的牛用来表演或育种。自 2009 年 5 月以来，农业、畜牧业和食品供应部改变了在巴西瘤牛养殖协会（ABCZ）进行克隆牛登记的规定，因为此品种牛（巴西瘤牛类似于美国婆罗门牛）在巴西牛养殖基地约占 90%。

由于规定变化，2009 年 11 月进行了克隆动物的首次拍卖，最终售价为 1 头牛 180 万美元。贸易人士预计，有了遗传登记，克隆牛市场未来会得到扩大。1 头克隆牛的平均成本估计为 100 万美元。由于还没有专门的立法，这些克隆动物产品不能在巴西出售。

巴西还有其他克隆动物实验，如克隆马。克隆马项目获得了成功，但其成本非常高，预计 2015 年继续增加。

2014 年 4 月 10 日，国家生物安全技术委员会首次批准转基因蚊子可以在巴西商业化应用。转基因"埃及伊蚊"由英国 Oxitec 公司研发。

截至 2015 年 6 月 30 日，巴西国家生物安全技术委员会一共批准了 20 种商用转基因疫苗。

(三) 生物技术进出口

巴西没有动物生物技术进出口用于商业化。

二、政策

(一) 规章

转基因动物和转基因疫苗的立法与转基因植物一样，必须由巴西国家生物安全技术委员会（CTNBio）批准。但还没有转基因动物申请提交到 CTNBio，因为这些研究都还处于初期阶段。

然而，克隆动物要遵守不同的政策。目前，无论是巴西联邦政府还是州政府，都没有制定与克隆动物及其产品相关的系统性规章制度，只有一项法规草案（2007 年 3 月 7 日颁发的第 73 号法规草案）正在巴西参议院审议。该草案提议要对克隆动物进行监管，包括野生动物及其克隆后代。

草案还提议，由农业、畜牧业和食品供应部（MAPA）负责所有从事克隆动物研究机构（包括已授权进口和商业销售克隆动物的机构）的注册登记。由于目前尚没有克隆动物及其产品的具体规定，MAPA 不能授权进口任何克隆动物及其产品（肉类或奶制品），也包括克隆动物的后代及其产品。

依据草案，MAPA 在收到出口公司的所有文件（如动物原产地、动物特性、动物输送地，以及进口目的）后，须在 60 天内提供进口克隆动物及其产品的授权许可证明。

草案将克隆动物及其产品的进口授权分为两种：①用于药物或治疗，由国家监察局（与卫生部有关联）授权；②如果克隆动物及其产品涉及转基因生物，则应由科技部下属的国家生物安全技术委员会授权。

该草案没有提及克隆动物及其产品的标识问题。不过，政治分析家期望巴西反生物技术群体能向政府施压，要求采用与巴西《生物安全法》的相同原则，并利用巴西《消费者保护法》要求对克隆动物及其产品制定特定的标识。

（二）标识与可追溯性

虽然还未对转基因动物作出具体的要求（如标识和可追溯性），生物技术相关的法律法规和行政机构也适用于转基因动物。

克隆动物的规则通常由国会审议，今后也可能由农业、畜牧业和食品供应部等权威部门审议。克隆动物立法草案中没有关于克隆动物产品的标识和可追溯性的具体规定。

巴西《消费者保护法》的规定要向消费者提供产品的基本信息，这项规定也适用于转基因植物、转基因动物、克隆动物及其产品。

（三）贸易壁垒

所有进口的转基因产品必须事先获得国家生物安全技术委员会的批准。批准时必须考虑到食品安全、毒理学及环境保护因素，通常以科学为基础。进口时将按批次审批。一旦获得批准，将不再有其他贸易壁垒。

（四）知识产权

巴西《生物安全法》对生物技术作物的研究与销售制定了明确的规章制度，该法一直鼓励巴西政府接受和保护这些惠农新技术。由于没有批准转基因动物及其产品的商业化，所以知识产权的相关规定在动物领域还没有得到测试。

（五）国际条约/论坛

巴西既是国际食品法典（Codex）的成员，也是世界动物卫生组织（OIE）的成员。巴西还是《卡塔赫纳生物安全议定书》的签署国。

三、市场营销

（一）市场接受力

由于没有批准转基因动物及其产品或克隆动物及其产品商业化，所以消费者与零售商是接受还是拒绝尚未得知。不过，巴西的养牛户对生物技术的潜力充满热情。

（二）公共机构/私营机构的意见

巴西养牛户大力倡导生物技术，支持国会批准克隆动物法规。这个新领域由农业、畜牧业和食品供应部监管。

（三）市场研究

绝大多数市场研究情况可在农业研究机构 EMBRAPA 的主页 http：//www. embrapa. br/找到。

加拿大农业生物技术年报 ⠶

报告要点：2015 年，加拿大转基因作物种植面积约为 1 010 万公顷。在植物方面，主要转基因作物是油菜、玉米和大豆，2015 年新增了少量甜菜。其中，由于油菜总种植面积减少，转基因油菜栽培面积比之前有小幅下降。加拿大是为数不多的批准种植复合性状品种的国家之一，但一种作物中最多不能超过 3 种性状。在动物方面，关于克隆动物后代是否属于加拿大的新食品法规监管范围，还有待 3 个监管机构发表指导意见。

第一部分　执行概要

根据国际农业生物技术应用服务组织（ISAAA）的报告，2014 年，加拿大转基因作物种植面积居世界第 5 位，位列美国、巴西、阿根廷和印度之后。加拿大种植转基因作物的实际数据很有限，仅从加拿大统计署获得了玉米和大豆种植面积的估算数，以及从加拿大油菜委员会获得了油菜种植面积的估算数。

加拿大强大的研究体系及紧邻美国的地理位置促进了其生物技术的合作和进步。加拿大是目前批准种植复合性状作物的少数几个国家之一，此外还有美国、澳大利亚、墨西哥和南非。因此，农民可以选择种植耐除草剂和抗鳞翅目害虫的玉米品种。

加拿大小麦局（CWB）曾是一家垄断性机构，指导加拿大西部生产的所有小麦销售活动。但在 2012 年，该机构缩小规模，并转变成自愿性的市场指导机构。这可能为支持转基因小麦商业化的团体提供更多机会，使其发挥更大作用。2014 年 6 月初，加拿大多数全国性的粮食组织都签署了国际联合声明，支持小麦创新活动，包括未来生物技术的商业化。

2005 年，加拿大食品检验局和加拿大卫生部对 Roundup Ready® 苜蓿品种开展了饲料、环境安全和食品评估。2013 年，抗杀虫剂苜蓿的研发商向加拿大食品检验局提交了品种注册申请。加拿大食品检验局评估了该申请，并在 2013 年 4 月 26 日完成了品种注册。品种注册使 Roundup Ready® 苜蓿品种能够在加拿大销售。

2013 年秋季，加拿大向国会提交了 C-18 号《农业增长法案》，旨在强化执行植物品种研发的知识产权。2015 年 2 月 25 日，C-18 号法案正式实施，这使《植物育种者权利法案》与 1991 年《国际植物新品种保护公约》（UPOV 公约）在很多方面保持一致。

2012 年，加拿大就"转基因作物低水平混杂和进口管理的国内政策及实施框架建议"进行了公众咨询。根据来自行业利益相关者的反馈意见，加拿大于 2015 年 4 月发布了原始草案修正案，并将继续就修订草案展开磋商。

在动物方面，加拿大的 3 个监管机构（卫生部、环境部和食品检验局）将会就克隆动物后代是否属于《食品和药品条例》中新型食品条款的监管范围进行商谈。

第二部分 植物生物技术

一、生产与贸易

（一）产品研发

1. 苹果 2015 年 3 月，加拿大食品检验局和卫生部批准了 2 个苹果品种（GD743 和 GS784）的非限制性环境释放，即可用于商业化种植、饲料和食品。这 2 个苹果品种由加拿大农业生物技术公司——奥卡诺根特色水果公司（Okanagan Specialty Fruits）研发，通过基因工程技术沉默苹果中的多酚氧化酶，因此苹果切开后，可以抵抗空气的氧化作用，具有抗褐变效果，有助于扩大公司在鲜切苹果市场领域份额。这 2 种苹果将以"北极"品牌上市。该公司曾于 2010 年末向美国农业部动植物卫生检验局（APHIS）提交了抗褐变苹果的风险评估申请，美国于 2013 年 2 月批准了该申请。

2. 亚麻 加拿大亚麻生产商面临的问题并不是国内对转基因亚麻的抵制，而是将亚麻出口到加拿大最大的出口市场——欧盟，加拿大出口到欧洲的亚麻约占欧洲亚麻进口量的 70%。20 世纪 90 年代末，加拿大食品检验局和卫生部批准了一个耐除草剂的转基因亚麻品种用于商业化生产和消费，这个品种的注册名为 Triffid。但是，欧盟消费者表示他们不会购买转基因亚麻。加拿大亚麻生产商担心他们不能够将转基因和非转基因亚麻分离从而失去这个最大的出口市场，于是在 2001 年取消 Triffid 的注册并且将其撤出市场。然而，2009 年 9 月的常规检验结果表明，出口到欧盟的加拿大亚麻中存在微量 Triffid。2010 年，加拿大亚麻出口量出现急剧下降。随后，加拿大制定了一个欧盟认可的检验和认证协议，使在 2010 年大幅下滑的出口量得到稳步增长，但是仍没有达到 2001 年前出口量的高点。2014 年加拿大亚麻籽出口量达到 67 万吨。

3. 小麦 2002 年，孟山都公司向加拿大监管部门申请批准种植 Roundup Ready（RR）小麦，这使得加拿大农民对转基因小麦产生了很大争议。一些生产商坚信种植 RR 小麦的好处，支持对其的监管审批，而其他生产商则担心，由于消费者不接受转基因小麦，种植 RR 小麦可能导致加拿大小麦种植者失去市场。这种担心仍然是加拿大小麦种植者接受转基因小麦的主要障碍。2015 年，还没有小麦品种进入监管审批流程。

2009 年 5 月，美国、加拿大和澳大利亚支持转基因小麦的团体共同计划推进转基因小麦商业化，同时强调了小麦对世界粮食供应的重要性，并且阐明这 3 个国家的小麦种植面积在不断减少，部分原因是转基因作物的竞争所致。然而，加拿大的其他小麦种植团体则继续反对转基因小麦，包括全国农民联盟、加拿大生物技术行动网络、生物农民联盟。

2010 年 4 月 19 日，加拿大小麦理事会主席伊恩·怀特表示，多次对世界各地小麦的测试都发现了微量转基因成分，原因是粮食处理系统中其他作物的污染。怀特认为转基因小麦在未来 10 年里不大可能实现商业化，因此主张接受小麦中低水平混杂问题。

随着 2012 年加拿大小麦局职能转变后，支持转基因小麦商业化的团体有更多机会来发挥其影响力。2014 年 6 月，多个加拿大谷物组织与美国和澳大利亚的有关组织签署了一份国际联合声明，支持小麦领域的创新活动，包括未来生物技术的商业化。这些机构包括加拿大国家磨坊主协会、加拿大谷物协会、加拿大谷物种植者协会、安大略省谷物农场主协会和加拿大西部小麦种植者协会。

转基因小麦的商业化还存在很多困难。自由亚麻含有微量转基因成分引起的贸易中断后，加拿大生产商变得谨慎起来。所以，当转基因小麦出现时，加拿大生产商认为必须与美国合作才能够在整个北美推广转基因小麦种子。

4. 苜蓿 孟山都加拿大公司和牧草遗传学国际有限公司（Forage Genetics International LLC）联合研发了用于饲料的 Roundup Ready® 苜蓿品种。2005 年，加拿大食品检验局和加拿大卫生部对 Roundup Ready® 苜蓿品种开展了饲料、环境和食品安全评估。自 2005 年以来，加拿大食品检验局一直基于最新科学开展审查，并判定 Roundup Ready® 苜蓿品种与常规苜蓿品种一样安全。

2013 年，牧草遗传国际公司全资子公司金牌种子公司（Gold Medal Seeds Inc.）向加拿大食品检验局提交了一份品种注册申请。经评估后，Roundup Ready® 苜蓿品种于 2013 年 4 月 26 日获得注册登记，因此可以在加拿大市场销售。迄今为止，该苜蓿品种实际还没有在加拿大销售，因为还不清楚该品种什么时候或能否会在加拿大西部市场销售。牧草遗传学国际有限公司表示，预计在 2016 年 1 月完成共存计划的制定。该计划的重点是防止转基因苜蓿从加拿大东部（魁北克和安大略）扩散到西部所需的管理措施。虽然 2015 年没有实现转基因苜蓿的商业化销售，但已经建立了转基因苜蓿的示范田。

牧草遗传学国际有限公司还从加拿大食品检验局和卫生部获得了 HARVXtra 苜蓿品种的批准，它将 Roundup Ready 苜蓿品种的抗除草剂性状和减少木质素性状相叠加，更利于牛的消化和吸收功能。该苜蓿品种尚未进行销售，该公司表示，目前只考虑在魁北克省和安大略省进行销售。

（二）商业化生产

加拿大统计署提供的统计数据和加拿大油菜协会提供的相关信息，均对加拿大国内转基因技术的接受程度作出了非常乐观的估计。加拿大统计署有关种植意向的数据主要来自玉米和大豆农场调查，但没有关于油菜的调查数据。油菜种植面积主要是依据加拿大油菜协会提供的相关信息来测算，转基因油菜的种植面积占油菜总种植面积的 95%。关于甜菜只有少部分参考数据，但可以确定的是种植的甜菜几乎全是转基因品种。表 5 - 1 综合了加拿大统计署的统计数据、油菜协会和行业部门的信息，估算出加拿大转基因作物种植面积。

表 5 - 1　加拿大转基因作物种植面积（千公顷）

类 型	2011	2012	2013	2014	2015
玉米	1 292	1 434	1 493	1 246	1 316
转基因玉米	932	1 179	1 218	1 011	1 134
转基因玉米占比	72%	82%	82%	81%	86%
大豆	1 559	1 680	1 869	2 251	2 193
转基因大豆	894	1 091	1 206	1 359	1 366
转基因大豆占比	57%	65%	65%	60%	62%
油菜	7 685	8 912	8 070	8 225	8 029
转基因油菜	7 300	8 466	7 666	7 814	7 627
转基因油菜占比	95%	95%	95%	95%	95%
甜菜	14	10	9	8	8
转基因甜菜	14	10	9	8	8
转基因甜菜占比	100%	100%	100%	100%	100%
转基因作物总面积	9 140	10 747	10 099	10 192	10 135

资料来源：加拿大统计署/加拿大油菜协会。

1. 油菜 加拿大的油菜种植大部分集中在西部省份，即曼尼托巴省、萨斯喀彻温省和阿尔伯塔省。加拿大统计署的调查数据显示，2015 年春季油菜的种植面积同比略有下降。早春的晚霜导致一些地区必须重新种植油菜，一些草原地区气候相对干燥，也不利于油菜生长。根据加拿大油菜协会的最新信息，油菜转基因品种的种植面积约占油菜种植总面积的 95％。2015 年油菜转基因品种的种植面积约为 760 万公顷，略低于 2014 年的 780 万公顷。粗略估算，加拿大菜籽油消费量占植物油总消费量的 50％。加拿大只有约 15％的油菜用于其他用途，约 85％的油菜籽、菜籽油和籽粕都用于出口，出口地包括美国、日本、墨西哥和中国。

关于油菜的生产实践，加拿大油菜协会宣布可以缩短轮作的时间，即由以前四年种一茬缩短到两年种一茬。这一消息与协会委员会一贯以来告诫农民不要缩短轮作时间的做法大相径庭，因此许多业内人士对此感到惊讶。油菜协会对此的解释是，种植者已证明草原的许多区域可以持续有效地进行更集约化的轮作。油菜协会还为行业制定了新目标，即到 2025 年加拿大油菜年产量达到 2 600 万吨。

油菜是一种"加拿大制造"作物，包括它的名字 Canola 代表的就是加拿大低芥酸油菜。油菜行业报告显示，加拿大有 6 万名油菜种植者，5 个省共有 13 座加工厂、2 800 名从业人员，油菜每年为加拿大经济贡献约 130 亿加元。

转基因油菜经遗传改良后可以抗特定的除草剂。业内人士指出，虽然油菜已经被改良，但菜籽油并没有发生变化，转基因油菜的菜籽油和常规油菜的菜籽油是相同的。加拿大西部地区的转基因油菜籽种植面积占到了油菜籽总种植面积的 95％左右。

2. 玉米 加拿大转基因玉米的种植面积一直在稳步增长，2015 年占玉米种植总面积的 86％。传统上，魁北克省和安大略省是玉米主要产区，2015 年两省玉米种植面积占加拿大玉米总面积的 90％以上。2015 年 6 月进行的一次农场调查显示，魁北克省的农民种了 32.2 万公顷的转基因玉米，占该省玉米总面积的 88％，比 2007 年增长了 47％；安大略省的农民种了 70.8 万公顷转基因玉米，占该省玉米总面积的 85％，比 2007 年增长了 41％。从 2011 年开始，传统上不种植玉米的省份也开始增加玉米种植。

孟山都公司宣布，今后 10 年该公司将投资 1 亿加元用于玉米杂交育种，这些杂交品种可在加拿大西部广泛种植，面积约 1 050 万公顷。这些玉米杂交种的相对成熟期应为 70～85 天，适宜在加拿大大草原较寒冷的气候条件下种植。

3. 大豆 2015 年，加拿大转基因大豆的种植面积与 2014 年基本持平，为 136.6 万公顷。传统上，魁北克省和安大略省是大豆主产区，2007 年两省的种植面积占全国大豆种植总面积的 90％以上。随着曼尼托巴省成为新的大豆主生产省，魁北克省和安大略两省的种植面积缓慢减少。2015 年，安大略和魁北克两省的大豆种植面积占全国大豆总种植面积的 68％，而曼尼托巴省大豆种植面积在全国的占比由 2007 年的 8％增长到了 2015 年的 30％。

在转基因大豆的应用比率方面，2015 年魁北克省转基因大豆种植面积为 20 万公顷，占全省大豆面积的 58％。安大略省为 75.68 万公顷，占比 62％。曼尼托巴省为 34.7 万公顷，占比 66％。

4. 甜菜 2005 年，美国、澳大利亚、加拿大和菲律宾批准通过了首个耐除草剂甜菜品种。2009 年，经过 4 年的田间试验后，Lantic 糖业公司在加拿大艾伯塔省泰伯尔地区种植了转基因甜菜。自 1951 年以来，艾伯塔省都是加拿大最大的甜菜种植省，甜菜种植集中在泰伯尔地区，加拿大唯一的一家甜菜加工厂就坐落在该地区。2014 年，艾伯塔省种植甜菜大约 8 000 公顷。

（三）出口

加拿大是转基因作物和产品的重要出口国，包括粮食和油料作物，如油菜籽、大豆和玉米。2014 年，加拿大出口了 920 万吨油菜籽、340 万吨油菜籽粕和 230 万吨菜籽油，还出口了 410 万吨大豆、9.2 万吨豆油和 1.13 万吨豆粕，以及 190 万吨玉米。

（四）进口

加拿大是转基因作物和产品的进口国，包括粮食和油料作物，如玉米和大豆。乙醇行业和畜牧饲料行业进口美国玉米和大豆。2013—2014 年，加拿大从美国进口了近 50 000 万千克玉米、近 100 000 万千克豆粕和 34 300 万千克大豆。美国种植的大多数玉米和大豆都是转基因品种，所以加拿大进口的大部分产品都是转基因产品。加拿大还从美国进口转基因木瓜。

（五）粮食援助

加拿大不是粮食援助受援国。

二、政策

（一）监管框架

加拿大建立了一个覆盖范围广泛、以科学为基础的监管框架，对通过生物技术生产的农产品进行审批。在加拿大立法和监管指南中，具有与同类常规植物不同性状或新性状的植物或产品，被称为新性状植物（PNTs）或新型食品。

新性状植物指与加拿大国内稳定生产的作物相比，具有既不相似也不相同的特性的植物，通过特定的遗传改变，有意选择、创造或引进的作物品种和种质。这类植物都是通过 DNA（rDNA）重组技术、化学突变、细胞融合及常规杂交育种技术获得。

新型食品指由转基因植物、动物或微生物获得的食品，其成分中含有之前从未用作食品的物质，这些物质并没有安全食用历史，包括微生物；这类食品使用了之前食品加工过程中从未使用过且引起食物发生较大改变的制造、加工、保存或包装。这些转基因植物、动物或微生物表现出常规品种没有的性状，或失去了常规品种原有的某些性状，或它们的某个或某几个特征不属于原有生物预期的性状范围。

加拿大食品检验局、卫生部和环境部是负责转基因产品监管和审批的三大机构。这三家机构联合监管新性状植物、新型食品的研发，以及具有从未在农业和食品生产领域出现过的新性状的作物或产品。

加拿大食品检验局负责监管新性状植物的进口、环境释放、品种注册及饲料用途。加拿大卫生部主要负责包括新型食品在内的所有食品对人类健康安全影响的评估及其商业化应用审批。加拿大环境部负责实施《新物质申报条例》，并根据《加拿大环境保护法案》（CEPA）对有毒物质进行环境风险评估，包括通过生物技术获得的生物和微生物。

加拿大渔业海洋部正在制定转基因水生生物法规。该部没有确定法规的颁布时间，在此期间，采用现代生物技术研发并销售的海产品均应遵守《加拿大环境保护法案》下《新物质申报条例》的相关要求。

加拿大监管机构及相关法规见表 5-2。

表 5-2　加拿大监管机构及相关法规

部门/机构	受监管产品	相关法规	条　例
加拿大食品检验局	作物及种子，包括具有新性状的作物及种子、动物、动物疫苗、生物制剂、肥料和饲料	《消费者包装和标识法案》《饲料法案》《肥料法案》《食品和药品法案》《动物健康法案》《种子法案》《植物保护法案》	《饲料条例》《肥料条例》《动物健康条例》《食品和药品条例》
加拿大环境部	《加拿大环境保护法案》中规定的转基因产品，如生物修复、废物处置、矿物浸出或提高采收率所使用的微生物	《加拿大环境保护法案》	《新物质申报条例》（该条例适用于未被联邦其他法规纳入管理的产品）

（续）

部门/机构	受监管产品	相关法规	条例
加拿大卫生部	食品、药品、化妆品、医疗器械、病虫害防治产品	《食品和药品法案》《加拿大环境保护法案》《病虫害防治产品法案》	《化妆品条例》《食品和药品条例》《新型食品条例》《医疗器械条例》《新物质申报条例》《病虫害防治产品条例》
加拿大渔业海洋部	转基因水生生物的潜在环境释放	《渔业法案》	正在制定当中

资料来源：加拿大卫生部、加拿大环境部、加拿大食品检验局、加拿大渔业海洋部。

加拿大各监管机构的工作职责见表5-3。

表5-3　加拿大各监管机构的工作职责

类别		加拿大食品检验局	加拿大卫生部	加拿大环境部
人类健康和食品安全	新食品的审批		√	
	过敏原		√	
	营养成分		√	
	可能存在的毒素		√	
食品标识政策	营养成分		√	
	过敏原		√	
	特殊膳食需求		√	
	欺诈和消费者保护		√	
安全评估	肥料	√		
	种子	√		
	植物	√		
	动物	√		
	动物疫苗	√		
	动物饲料	√		
检测标准	检测对环境影响的相关指南			√

资料来源：加拿大卫生部、加拿大环境部、加拿大食品检验局。

注：√代表对应的主管政府部门。

具有新性状的植物须按加拿大监管程序审查。步骤如下。

（1）从事转基因生物工作（包括研发新性状植物）的科学家，应坚持遵守加拿大卫生研究院的指令及他们所在机构生物安全委员会的行为规范。这些指导准则可保护实验室工作人员的健康和安全，确保环境安全。

（2）加拿大食品检验局监督所有新性状植物的田间试验是否符合环境安全相关的指导准则，以确保避免发生花粉转移到相邻农田的情况。

（3）加拿大食品检验局负责检查试验的种子运输及所有收获植物材料的运输。该局还严格控制种子、活体整株和部分植物的进口，包括新性状植物。

（4）任何新性状植物移出封闭试验场地，都必须经过加拿大食品检验局环境安全评估并获得允许，环境评估侧重于：①新性状向相关植物品种转移的风险；②对非目标生物的影响（包括昆虫、鸟类和哺乳动物）；③对生物多样性的影响；④导致杂草化的风险；⑤虫害的潜力。

（5）加拿大食品检验局评估所有饲料的安全性和有效性，包括营养价值、毒性和稳定性。提交的新型饲料数据包括对生物和转基因的描述、目标用途、环境归宿和基因（或代谢）产品进入人类食品链的概率。安全评估方面包括食用饲料的动物、人类对动物产品的消费、工人安全及与饲料使用对环境的影响。

（6）加拿大卫生部负责评估没有安全使用历史的食品或采用新加工技术而导致食品成分发生显著变化的食品，或者来源于转基因生物并且具有新性状的食品。经与国际组织专家，包括联合国粮农组织（FAO）、世界卫生组织（WHO）、经济合作与发展组织（OECD）专家的磋商，加拿大卫生部制定了《新型食品安全评估指引》（第 1 卷和第 2 卷）。加拿大卫生部根据《新型食品安全评估指引》的规定，检查下列内容：①粮食作物的研发过程，包括分子生物学数据；②与非转基因食品相比，新型食品的组成成分；③与非转基因食品相比，新型食品的营养数据；④产生新毒素的风险；⑤导致任何过敏反应的风险；⑥普通消费者和特殊群体（如儿童）的膳食暴露量。

（7）加拿大培育的作物新品种注册体系确保只有证明对生产者和消费者有益的品种才能销售。一旦批准进行田间试验，该品种将进行区域评估。转基因植物品种在获得环境、饲料和食品安全授权前，不能在加拿大注册和销售。

（8）一旦获得环境、饲料和食品安全授权，新性状植物和采用新性状植物生产的饲料和食品就可以进入市场，但仍要接受与加拿大所有传统产品相同的监管审核。此外，有关新性状植物或其产品产生食品安全问题的任何新信息，必须报告给政府监管机构，监管机构将根据进一步调查情况，决定修改或撤销授权，或者立即将产品从市场上撤出。

从产品研发到获准用于人类消费，需要 7～10 年的时间。有些情况下，这个过程还不止 10 年。为了保证加拿大监管体系的完整性，加拿大建立了多个顾问委员会，负责监督当前和未来监管需求并向政府提出建议。加拿大生物技术咨询委员会（CBAC）于 1999 年建立，目的是为政府提供伦理、社会、科学、经济、监管、环境和卫生方面的建议。该委员会的任期于 2007 年 5 月 17 日结束。政府用科学技术和创新委员会代替了生物技术咨询委员会。加拿大政府建立科学技术和创新委员会的目的是，巩固外部咨询委员会并加强其作为独立出口顾问的角色。该委员会是一个咨询机构，为加拿大政府提供科学技术上的外部政策咨询，并可以定期制定国家报告，根据国际标准来衡量加拿大科学技术表现的卓越性。

2013 年 5 月，科学技术和创新委员会发布了第三份公开报告《2012 年国情——加拿大科学技术和创新体系》，该报告追溯了自 2009 年发布第一份报告以来加拿大在创新方面取得的进展。《2008 年国情——加拿大科学技术和创新体系》是该委员会发布的第一份报告，报告参照世界创新国家的标准制定了加拿大科学技术和创新体系的基准。

（二）批准

自上次发布年度生物技术报告以来，加拿大食品检验局批准了以下申请（表 5-4）。

表 5-4　2013—2014 年度加拿大食品检验局新批准转化体情况

作物	转化体	申请人	性状	食品检验局			卫生部
				环境释放	饲料	品种注册	食品
苜蓿	KK179	加拿大孟山都公司和牧草遗传学国际有限公司	木质素减少	2014.10.6	2014.10.6.	否	2014.9.24
苹果	GD473 和 GS784	奥卡诺根特色水果公司	抗褐变	2015.3.20	2015.3.20	不需要	2015.3.20
棉花	MON88701	加拿大孟山都公司	耐麦草畏和草磷铵	不在加拿大种植	2014.6.26	不需要	2014.6.23
大豆	DAS81419	加拿大陶氏益农公司	抗鳞翅类害虫、耐草磷铵	2014.11.13	2014.11.13	否	2014.11.13
大豆	SYHT0H2	加拿大先正达公司和拜尔作物科学公司	耐抑制 HPPD 类（异噁唑草酮、硝草酮）除草剂和耐草磷铵	2014.6.4	2014.6.4	否	2014.5.15

（三）田间试验

加拿大允许进行生物技术植物田间试验。2014 年，加拿大公司共提交了 111 份新性状植物申请和 348 份不同作物的田间试验报告（2013 年的数量分别为 76 份和 244 份）。

（四）复合性状的审批

按照定义，由两种或两种以上获得授权的新性状植物通过常规杂交而产生的复合性状产品，不需要对它们进行进一步的环境安全评估。研发商必须在上述复合性状植物开始环境释放前 60 天以上通知加拿大食品检验局植物生物安全办公室（PBO）。接到通知后，PBO 有可能在 60 天内向研发商提出与拟进行环境释放相关的任何问题，也可能要求审查能证明植物在环境中安全应用的数据。如果性状复合需要不兼容性管理，可能有负协同效应，或者植物生产可能会扩散到其他地方等情况，则也许需要进行环境安全评估。在所有与环境安全相关的疑虑解决之前，转基因植物不可以进行环境释放。然而，作为一项预防措施，PBO 强制要求发放通知后复合性状产品才可以进入市场。此要求是为了便于监管机构确认如下内容：①亲本授权时要求的条件能兼容且适用于复合性状植物生产；②是否需要其他信息来评估复合性状植物产品的安全性。

以下情况需要提供额外信息，并开展进一步的评估：①亲本授权时要求的条件不适用于复合性状植物（如研发的产品用于申请变更管理要求、亲本监管计划所描述的条件对复合性状植物不再有效）；②亲本特性在复合性状植物中表达不同（如表达量增加或减小）；③复合性状植物表达了额外的新性状。

（五）其他要求

已批准转化体不要求重新注册。没有其他额外注册要求。

（六）共存性

加拿大政府没有对转基因作物和非转基因作物的共存作出规定，但生产者要承担相应的责任。例如，如果有机作物生产商希望避免生产系统中出现转基因品种，他们就得负责采取相应的措施。反过来，生产商可以对产品制定高额价格，以弥补他们为满足客户和认证机构的要求所付出的成本。

种植转基因作物必须遵守加拿大生物技术管理规定，一些公司可以向种植转基因作物的农民提供共存建议，将非转基因作物中发现相同品种转基因材料的概率降到最低。此外，还将为转基因作物生产者提供杂草防治指南。这些在管理实践中的变化可能有助于改善转基因和非转基因作物之间的共存，而不需要引入政府的法规。例如，加拿大植物保护协会提出的"管理第一"倡议，其中包括转基因作物种植者最佳管理实践指南，可用于管理产品在整个生命周期内的健康、安全和环境的可持续性。

政府不监管转基因和非转基因作物之间的共存问题，但转基因作物日益发展和混入趋势，并没有阻碍有机行业的发展。有机行业的增长或下降主要受到消费者需求的驱动，而非是否混入转基因作物。由于有机作物中无意混杂转基因作物（如油菜籽），生物技术领域和有机作物领域一直存在争议。目前尚缺乏完整的信息表明有机作物中转基因作物的实际含量、有机作物的测试频率、有机作物与转基因作物的种植距离、种子来源、为减少无意混杂而采取的措施等情况，因此，不可能充分评估在加拿大有机作物和转基因作物之间已经或有可能存在共存问题。

（七）标识

加拿大标准委员会于 2004 年通过了国家标准《转基因食品和非转基因食品广告自愿标识标准》。自愿标识标准的制定是加拿大杂货分销商理事会的要求和加拿大通用标准委员会（CGSB）的推动，由多方利益相关者组成的委员会于 1999 年 11 月开始着手制定。该委员会由 53 名有投票权的成员和 75 名无投票权的成员组成，成员来自生产商、制造商、经销商、消费者、一般利益团体和 6 个联邦政府部门，包括加拿大农业和农业食品部（AAFC）、加拿大卫生部和加拿大食品检验局。

加拿大卫生部和食品检验局根据《食品和药品法案》制定所有联邦食品标识政策。加拿大卫生部负责制定与卫生和安全有关的食品标识政策，而加拿大食品检验局负责制定与卫生和安全无关的食品标识法规和政策。加拿大食品检验局的责任是保护消费者不被食品标识、包装和广告的虚假陈述和欺诈行为伤害，并制定适用于所有食品的基本食品广告标识要求。

制定《转基因食品和非转基因食品广告自愿标识标准》目的是为消费者提供一致的信息，帮助他们做出明智的选择，同时为食品公司、制造商和进口商提供广告标识指南。该标准给出的转基因食品的定义是通过使用特定的技术而生产的食品，这些技术能将一个品种的基因转移到另一个品种上。该标准主要内容概述如下。

（1）食品广告标识中声明使用或不使用转基因都是被允许的，只要声明是真实的、不具误导性和欺骗性，不对食品特点、价值、组成、优点或安全造成错误印象，并符合《食品和药品法案》《食品和药品条例》《消费品包装标识法案》《消费品包装标识条例》《竞争法案》等相关法律及《食品广告标识指南》的所有监管要求。

（2）该标准并不意味着产品可能存在健康或安全问题。

（3）如果做了标识声明，转基因和非转基因食品的无意混杂成分应低于 5％。

（4）该标准适用于食品广告自愿标识，以区分这类食品是否为转基因产品，或包含或不包含转基因成分，不论食品成分是否包含 DNA 或蛋白质。

（5）该标准定义了术语，设立了声明的规范及对其评价审查标准。

（6）该标准适用于在加拿大销售的食品，无论是国内生产还是进口食品。

（7）该标准适用于出售的预包装、散装食品及在销售点烹制食品的广告标识。

（8）该标准并不影响、推翻或以任何方式改变法律要求的信息、声明或标识或任何其他适用的法律要求。

（9）该标准并不适用于加工助剂、少量酶、微生物培养基、兽用生物制品和动物饲料。

标识标准已经建立并实施，但加拿大的一些组织仍继续推动转基因食品强制性标识工作。并有多个强制性标识的议案已经提交给下议院，但到 2015 年为止还没有获得通过。

（八）贸易壁垒

无

（九）知识产权

《专利法案》和《植物育种者权利法案》使新品种的育种者或所有者有权收取他们的产品技术费或特许权使用费。《专利法案》授予的专利涵盖植物基因或将基因整合到植物中的过程，但不涵盖对植物本身的专利。《植物育种者权利法案》主要涵盖植物保护权问题，授予植物新品种育种者在加拿大的独家生产和销售权，它还规定植物育种者有权收取产品特许权使用费，允许育种者将产品出售给种植者。专利产品的成本主要是技术费，这使育种者能够收回产品研发过程中的投资资金。

2013 年秋季，加拿大将《农业增长法》纳入议会 C－18 法案，旨在强制执行植物新品种知识产权。这是由于加拿大在 1992 年成为《国际植物新品种保护公约》（UPOV 公约，1991 年）的签署国，但加拿大于 1990 年颁布的《植物育种者权利法案》仅符合 1978 年《国际植物新品种保护公约》修订案的要求。加拿大于 2015 年 2 月 25 日正式通过 C－18 号法案，因此，加拿大的《植物育种者权利法案》现已符合《国际植物新品种保护公约》的要求。

过去几年里，一些植物生物技术专利到期，包括孟山都公司 Roundup Ready 大豆专利。加拿大大豆出口商协会（CSEA）分析了专利到期可能产生的影响。第一，大部分大豆都用于榨油（而非作为食品）和出口，因此对种子公司的影响最大。第二，孟山都公司已经研发并销售第二代 Roundup Ready 大豆，其产油量比第一代 Roundup Ready 大豆高 7%～11%，因此许多农民已准备采用新产品。第三，与大豆相比，玉米具有更重要的市场考虑，其消费主要在国内，且大多数转基因玉米是用作食品。然而，转基因玉米种子的保质期短于大豆，农民禁止保种，因此需要不断引进新品种，也需要不断批准新的玉米种子。

（十）批准《卡塔赫纳生物安全议定书》

2001 年，加拿大签署了《卡塔赫纳生物安全议定书》，但尚未批准该议定书在国内正式实施。许多农业组织都强烈反对批准该议定书，如加拿大油菜协会、加拿大粮农协会、威特发公司（Viterra）及其他企业。也有一些组织，如国家农民联盟和绿色和平组织等，敦促政府批准该议定书。为了确定关于议定书的最佳行动方案，加拿大政府一直在与利益相关者磋商。协商结果给加拿大政府提供了三个选择：

（1）立即批准议定书，旨在以缔约方身份参加首次缔约方会议；

（2）继续对正式批准方案进行积极审核，同时继续以非缔约方身份参与议定书各进程，自愿按照议定书的目标采取行动；

（3）决定不批准该议定书。

加拿大政府遵循了第二种选择，业内人士表示，这很可能在相当长的一段时间内维持不变。加拿大食品和饲料工业严重依赖从美国进口作物来满足其需求。因此，批准《卡塔赫纳生物安全议定书》可能成为与美国贸易的一个障碍。

（十一）国际公约/论坛

加拿大领导一些国家合作制定了一份旨在解决全球低水平混杂问题的方案。加拿大参加了创新农业技术志同道合团体（LM）。

（十二）监督和测试

加拿大没有制定转基因产品监督计划，也不积极进行转基因产品检测。

（十三）低水平混杂

加拿大指出，随着检测技术的灵敏度越来越高，对于生物技术产品低水平混杂采取零容忍政策是不现实的。在国内，各行业利益相关者正在与监管机构合作制定低水平混杂政策，包括为加拿大设立低水平混杂的最高含量阈值。2012 年，加拿大制定了"转基因作物低水平混杂管理、进口及其相关实施框架及国内政策"草案并进行了公众咨询，加拿大于 2015 年 4 月发布了修订草案，并将继续与利益相关者和国际合作伙伴就修订草案展开磋商。草案修订内容如下。

（1）当满足政策标准时，如果进口产品中的转基因成分含量低于 0.2% 的阈值，则通常不需要进行风险评估。在前一版本的政策草案中，这一阈值被描述为行动阈值，尚未得以正式确立。这一阈值有助于积极解决极少量的转基因低水平混杂造成的潜在风险，低于此阈值的转基因成分可能来源于灰尘及已经停止使用的转基因作物等。如果高于这一阈值，则必须积极开展低水平混杂风险评估，以便满足适用的更高阈值标准。

（2）将为所有作物设定一个阈值，而不是根据不同作物设定不同阈值。在设定阈值时将考虑专家意见。这种方法将大大减少阈值应用方面的混乱，并将简化政策的实施。

（3）为了促进监管活动，验证进口产品中的转基因低水平混杂的含量，要求提供检测方法和参考材料作为政策适用的一个条件。

（4）将采用调查问卷的形式评估外国监管机构的食品安全评估程序是否符合国际食品法典委员会的《重组 DNA 植物及其食品安全性评价指南》。这一方法既主动又透明。

（5）对政策和实施框架进行了说明，指出在确定进口谷物中的转基因成分含量时，将考虑到实验室检测不可避免地存在测量误差。

（6）为了与加拿大的立法框架保持一致，修订草案阐明，如果发现转基因成分含量低于 0.2% 或适用阈值，将对风险采取应对措施。

（7）做了其他一些细微改动，以提高清晰度和减少重复。

近些年来，低水平混杂问题已成为加拿大日益重要的问题。低水平混杂指少量转基因材料无意混杂非转基因产品中。具体指转基因材料在出口国已得到批准而在进口国却没有得到批准的情况。2009 年 9 月进行的常规测试表明，在加拿大进口到欧盟的亚麻中存在微量的转基因品种"Triffid"。结果，加拿大与欧盟的亚麻贸易完全中断达一年之久，之后缓慢恢复到之前的水平。在贸易中断之前，加拿大提供了大约 70% 的欧洲亚麻进口量。这一案例表明，由于欧盟对转基因作物实施零容忍政策，加拿大出口亚麻中发现的微量转基因成分导致了重大贸易中断。

在国际上，加拿大正在与相关国家合作制定解决低水平混杂问题的全球解决方案。2012 年 3 月，来自美国、墨西哥、哥斯达黎加、智利、乌拉圭、巴拉圭、巴西、阿根廷、南非、俄罗斯、越南、印度尼西亚、菲律宾、澳大利亚、新西兰的行业代表和政府官员在温哥华举行了一次国际会议来讨论这一问题。会上，加拿大农业部长强调了监管模式与农业创新并行的重要性，并表示在国际上讨论低水平混杂问题时，加拿大愿意担当领导者和促进者。加拿大继续积极参与国际相关活动，并逐步采取步骤，实现为全球解决低水平混杂问题所确定的目标。

三、市场营销

（一）市场接受度

转基因植物和产品在加拿大广泛生产和消费。

（二）公共机构/私营机构的意见

对消费者的调查结果发现，民众对农业生物技术的观点存在分歧。2002 年美国皮尤研究中心"全球态度调查项目"报告显示，只有 31% 的加拿大人认为用科学手段改变水果和蔬菜是好的，而 63% 的加拿大人则认为这些产品不好。2006 年德西玛研究公司的调查结果表明，加拿大人拥护大多数类型的新技术，如混合动力汽车、生物燃料和干细胞研究，但是 58% 的加拿大人认为，转基因动物会在未来 20 年里让生活变得更糟糕。此外，54% 的人对转基因鱼持负面态度，50% 的人认为，转基因食品会对他们的未来产生负面影响。相反，加拿大生物技术公司在 2008 年进行的一次调查中，79% 的加拿大人认为生物技术会给农业带来好处，86% 的加拿大人认为生物技术会给保健科学带来益处。因此，在对民意作出确切的结论之前，必须进行更加统一和长期的调查。

第三部分 动物生物技术

加拿大的监管框架旨在确保环境保护、动物健康、植物保护和人类健康。如果这些目标得以实现，转基因动物将会获准进行环境释放，其产品将会获准用于饲料或食品，对它们的处理也将与常规动物和常规动物产品的处理相同。不论养殖、生长、生产或加工采用何种工艺过程，所有动物和动物产品在环境和植物保护、动物和人类健康及饲料和食品安全方面都必须遵守相同要求和法规。截至2015年，加拿大没有批准任何一种转基因动物用于商业化生产，也没有批准转基因动物产品用做饲料或食品。克隆动物及其后代和由克隆动物及其后代衍生的产品必须遵守用于转基因动物及其产品的相同要求和法规。然而，克隆动物及其后代和由克隆动物及其后代衍生的产品是否符合新型食品的定义仍然是个问题。对生物技术拥有管辖权的三个主要政府机构（加拿大卫生部、加拿大环境部和加拿大食品检验局）还未对这一事宜发表意见。

一、生产与贸易

（一）产品研发

1. 环境保护猪 圭尔夫大学培育的环境保护猪（以下简称环保猪）在2012年5—6月遭到全面禁止。环保猪创建于1999年，将老鼠DNA的一个片段植入猪染色体，导致猪的唾液中产生了一种酶，这种酶降低了猪粪中的磷含量，从而减少猪肉生产造成的环境影响。环保猪研发时间超过10年，目标是有朝一日能够将环保猪销售给商业养猪的农民。圭尔夫大学于2009年向加拿大卫生部递交了申请，要求该机构宣布环保猪适合人类食用，另外也向美国食品药品管理局提交了申请，截至2015年仍在审理中。圭尔夫大学扫清了第一个监管障碍，在2010年获得了加拿大环境部批准，允许在密闭条件下繁殖环保猪，但在2012年春季，该研究计划的资金被切断，圭尔夫大学给培育的环保猪实施了安乐死，尽管许多农民和组织都表示愿意照顾这些猪。但加拿大的政策禁止对环保猪进行任何收养、捐赠、转移或释放。环保猪的DNA现在被长期冷藏，未来可能继续做进一步分析试验。同样，虽然提交给加拿大食品检验局和加拿大卫生部的申请目前已被暂停，但是相关方可以重新打开提交申请，并且继续进行监管流程。

2. AquaAdvantage转基因三文鱼 AquaBounty Technologies公司于1991年12月在美国特拉华州注册成立。AquaBounty Technologies加拿大分公司于1994年1月成立。1996年，该公司获得了专用许可权，可以用生长激素基因结构（转基因）培育一种农民养殖的新型鲑鱼。该公司在圣约翰、纽芬兰和加州圣地亚哥设有生物技术实验室，并且在爱德华王子岛经营面积为1.416 4公顷的鱼苗孵化场。AquaAdvantage转基因三文鱼生长速度比普通鲑鱼快，而且比普通鲑鱼更早达到成熟尺度，但是它们不会继续长大。2013年11月，AquaAdvantage转基因三文鱼获得了加拿大环境部严格受控条件下的环境释放批准。该公司基本上可以生产出口到巴拿马养殖场的三文鱼鱼卵。据报道，AquaBounty Technologies加拿大分公司获准将三文鱼用作食品和饲料。

随着时间的推移，AquaBounty加拿大分公司已经表示愿意在爱德华王子岛基于陆地的鱼苗孵化场商业生产无菌压力休克的转基因三文鱼雌性鱼卵，用于向巴拿马西部高地的一家陆上养殖场出口，每年都可以向巴拿马出口不超过10万枚的鱼卵。在巴拿马，转基因三文鱼长到1～3千克时，就可以捕捞，进行无痛致死并运输到靠近巴拿马养殖场的一家加工厂进行加工，然后在获准的食品消费市场零售，但相关市场仍有待研发。

（二）商业化生产

除了 AquaBounty Technologies 公司计划在加拿大商业化生产 AquAdvantage 转基因三文鱼鱼卵并出口到巴拿马特定场所外，加拿大未批准其他转基因动物及其产品的商业化，也未发现加拿大畜牧业的种畜群中有任何克隆动物。

（三）进出口

加拿大没有转基因动物或克隆动物和它们的后代，以及其衍生产品的进出口。加拿大也没有克隆动物精液的进出口。加拿大与美国等国家的研究机构和实验室之间可能存在转基因动物（可能包括克隆动物）的交换活动。

二、政策

（一）监管

虽然有了新的具体的规定，动物生物技术部门仍要遵守用于常规动物及其衍生产品的相同的严格的卫生与安全法规。与常规动物及其衍生产品一样，这些监管控制措施包括《动物健康法案》《食品和药品法案》《食品和药品条例》《肉类检验法案》《肉类检验条例》《饲料法案》和《饲料条例》，这些法律法规由加拿大食品检验局管控。此外，《加拿大环境保护法案》下的《新物质申报条例（生物）》适用于在加拿大境内寻求环境释放的转基因动物。

对克隆动物及其后代和它们的衍生产品，按照《食品和药品条例》新型食品条款（第 28 章 B 部分）、《饲料条例》和《新物质申报条例（生物）》进行监管。按照定义，新型食品指没有安全食用历史，采用新方法生产，与常规产品存在重大改变的食品。而克隆动物及其后代和它们的衍生产品是否满足这一定义还没有定论。为了达成最终的监管政策，加拿大的三大生物技术监管机构（卫生部、环境部和食品检验局）正在起草科学意见书，希望为加拿大政府制定框架，然后规范克隆动物及其后代和它们的衍生产品的管理，以确定它们是否满足新型食品的定义。

（二）标识和可追溯性

加拿大食品检验局的网站解释了加拿大生物技术产品的标识要求。实际上，对由转基因动物或克隆动物产生的产品，没有强制性标识要求，但允许自愿贴标识。

目前，对转基因动物或克隆动物和它们的后代，以及其衍生产品，没有具体的追溯性要求。只有在第一个转基因动物或克隆动物及其后代获得商业化生产许可后，只有由转基因动物或克隆动物及其后代衍生产品获得饲料或食品用途的许可后，才有可能制定追溯性要求。同时，适用于常规动物及其产品的追溯性要求也适用于转基因动物和克隆动物的产品。

（三）贸易壁垒

目前没有任何贸易壁垒。

（四）知识产权

加拿大知识产权立法（《专利法案》《商标法案》和《版权法案》）涵盖动物生物技术和克隆技术，并没有制定其他特别法律。

（五）国际条约/论坛

虽然加拿大参加了一些探讨农业生物技术的国际论坛（国际食品法典委员会、世界动物卫生组织），但并没有就动物生物技术的监管表明官方立场，因为加拿大目前还没有明确的、全面的立场。

三、市场营销

（一）市场接受度

与生物技术培育的作物一样，加拿大监管机构很有可能将转基因动物的道德、社会和宗教问题交给市场。因为目前加拿大没有生物技术培育的动物进入商业渠道，所以现在难以准确判断什么样的市场能够接受。所以说，国内牲畜生产商可能倾向于通过可追溯性规定，对转基因动物及其衍生产品实施严格管控。这是因为加拿大的牛肉和猪肉生产严重依赖出口，不希望失去不接受此类产品的国外市场。

（二）公共机构/私营机构的意见

加拿大没有开展有关消费者对动物生物技术态度的公众意见的研究或调查。加拿大生物技术行动网络是一个由多个组织组成的运动联盟，包括农民协会、环境保护组织和国际发展组织，这些组织对于遗传工程有各种疑问。

印度农业生物技术年报 ⠶

报告要点：印度唯一批准商业种植的转基因作物是苏云金芽孢杆菌（Bt）抗虫棉，截至 2015 年已批准了 6 个 Bt 棉花品种和近 1 200 个 Bt 棉花杂交品种。虽然印度的生物技术监管体系在 2014 年初显示出强烈的生命力，但是由于政治局势，从 2014 年下半年至 2015 年，印度政府对生物技术的监管决定犹豫不决。印度的动物生物技术研究除了在克隆动物方面取得了一些成功外，其他尚处于初级阶段，并无任何转基因动物获得商业化生产。

第一部分 执行概要

2014 年，美国和印度之间的农业贸易额约 59 亿美元，印度农业贸易顺差约为 30 亿美元。由转基因大豆（特定转化体）加工的大豆油仍是印度目前批准进口的唯一转基因食品和农产品。2010 年度，美国对印度的大豆油出口高达 1.329 亿美元，但是后来大幅下滑。

在印度，Bt 棉花是目前获批商业化种植的唯一转基因作物。自 2002 年以来，印度政府批准了 6 个 Bt 棉花品种和近 1 200 个 Bt 棉花杂交品种进行商业化种植。印度没有进行转基因动物的商业化生产，包括克隆动物和转基因动物及其衍生产品。

《环境保护法（1986 年）》（EPA）为印度转基因动植物及其产品的生物技术监管框架（见附录 1）奠定了基础。印度当前的法规规定，印度最高监管机构基因工程评估委员会（GEAC）必须对所有转基因食品和农产品、转基因植物及其衍生产品进行评估，然后才能批准商业化或进口。《环境保护法》列出了进口转基因产品的程序，包括用于研究的产品。2013 年 4 月 22 日，印度科技部（MOST）生物技术局（DBT）向印度议会提交了《2012 年印度生物技术监管机构法案》（BRAI），但该法案从未提交议会讨论和批准。该法案建议建立一家独立的国家生物技术监管机构负责转基因产品安全审批。但随着最后一次议会选举和第 15 届印度人民政府解散，该法案于 2014 年 5 月废止。截至 2015 年，国家民主联盟政府没有向议会提出任何版本的印度生物技术监管机构法案。

2006 年《食品安全与标准法》中含有对转基因粮食产品（包括加工食品）监管的具体规定。然而，该法律确认的最高食品安全监管机构——印度食品安全和标准管理局（FSSAI）仍在制定转基因食品管理相关的具体法规。因此，基因工程评估委员会仍继续按 1989 年法规对加工食品（包括含转基因成分的加工食品）进行监管。

从 2010 年到 2014 年初，印度转基因监管政策环境严重妨碍了新品种的审批，但仍有一些品种在当时的监管审批流程下进入了高级阶段。2010 年 2 月 9 日，印度环境与林业部（MOEF）宣布暂停审批 Bt 茄子。2011 年 7 月 6 日，基因工程评估委员会为转基因作物田间试验批准引入了一些新的程序，要求申请人（研发者）在开展相关试验之前获得相关邦政府的无异议证明书（NOC）。这一决定妨碍了转基因作物的田间试验，因为各种政治原因，大多数邦政府仍然不愿意发放此类无异议证明书。从 2012 年 4 月到 2014 年 3 月，基因工程评估委员会的工作暂停了近两年。2014 年 3 月 21 日，上一届政府恢复了该委员会，并召回相关人员，决定 4 月和 5 月召开月度会议，批准一些转基因作物品种的田间试验。

基因工程评估委员会于 2014 年 7 月 17 日在新一届国家民主联盟（NDA）政府领导下首次重新聚会，并且批准了多项转基因作物的田间试验。这遭到了国家民主联盟政府下属组织的强烈反对。虽然研发人在获得相应邦政府发放的无异议证书，并获得转基因作物田间试验批准后可以进行转基因作物的田间试验，但是遗传评估委员会在 2014 年 9 月和 2015 年 2 月举行的两次会议期间并没有发放新的许可证。因此在 2015—2016 年，不会有转基因作物进行田间试验，但 2013 年和 2014 年批准的多季转基因作物田间试验仍可继续进行。

2012 年 5 月，印度最高法院任命了一个由 6 名成员组成的技术专家委员会（TEC），负责审核转基因作物的生物安全风险评估并推荐相关研究。2013 年 7 月 18 日，技术专家委员会成员提交了最终报告，其中 5 名成员建议禁止所有转基因作物的田间试验，直到解决了现有生物安全监管体系的漏洞为止。另 1 名技术专家委员会成员则建议印度政府（GOI）在解决监管漏洞的同时继续允许田间试验。印度政府和行业利益相关者对 5 名技术专家委员会成员的建议持有强烈争议，在 2013 年 8 月、

2014 年 4 月和 5 月举行的听证会上也是如此。虽然之后这种情况没有再发生，但仍待最高法院来解决。

印度总理纳伦德拉·莫迪和印度政府的其他高级官员已经表示支持采用新农业技术，包括生物技术。大多数本地生物技术利益相关方仍然保持谨慎乐观态度，认为印度政府将继续允许生物技术研究和田间试验。

第二部分　植物生物技术

一、生产与贸易

（一）产品开发

印度多家种子公司和公共研究机构都在研发各种转基因作物，主要集中于抗虫、耐除草剂、增强营养、耐旱及提高产量等领域。公共研究机构正在研发的作物包括香蕉、包菜、木薯、花椰菜、鹰嘴豆、棉花、茄子、油菜籽、芥末、木瓜、木豆、马铃薯、甘蔗、番茄、西瓜和小麦。私营种子公司更侧重于包菜、花椰菜、鹰嘴豆、玉米、油菜籽、芥末、秋葵、木豆、水稻、番茄和下一代棉花（复合性状）的生产技术。基因工程评估委员会批准了 8 种作物的 21 个品种的田间试验，但是因为难以获得邦政府的许可（无异议证书），2014—2015 年进行的田间试验仅限于少数几种作物（鹰嘴豆、玉米、棉花、芥末和水稻）品种。

2009 年 10 月 14 日，基因工程评估委员会建议批准 Bt 茄子的商业化种植，这项建议已提交给环境与林业部进行最终决策。在经过一系列公开协商后，2010 年 2 月 9 日，环境与林业部宣布暂停审批，直到有长期研究结果证明印度政府的监管体系能够确保人类和环境安全。5 年多过去，基因工程评估委员会仍没有对 Bt 茄子的审批采取任何措施和发布任何决定。业内人士称，至少要有 2～3 种其他转基因作物性状处于产品评估的高级阶段，未来 1～2 年内才有可能获得批准。

（二）商业生产

自 2002 年以来，Bt 棉花是唯一获批在印度商业化种植的转基因作物。在过去的 13 年间，Bt 棉花的种植面积已达棉花总种植面积的 95％ 左右，棉花产量大幅增长。印度 2014 年的棉花产量预计为 2 950 万包（约 217.72 千克/包），种植面积为 1 270 万公顷，而 2002 年的产量为 1 060 万包，种植面积为 760 万公顷。因此，印度已成为世界第二大棉花生产国和出口国。截至 2015 年，印度政府批准了可在不同农业气候区域种植的 6 个棉花品种及近 1 200 个杂交品种。获批生产的大多数 Bt 棉花杂交品种均产自孟山都公司的 2 个品种（Mon531 和 Mon15985）。获批商业种植的 Bt 棉花品种可用于种子、纤维和饲料生产/消费。

农业生物技术是印度国内生物技术行业的第三大组成部分（图 6-1），在印度 2012—2013 年产

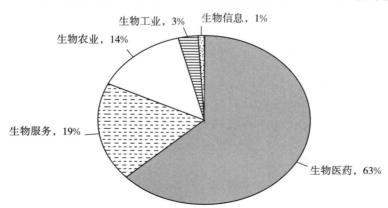

图 6-1　2013—2014 年印度生物技术行业收入（总计 52 亿美元）

资料来源：BioSpectrum，2016 年 9 月。

生了 335 亿卢比（7.34 亿美元）的收入，占总收入的 14％左右。由于 Bt 棉花是唯一获批的转基因产品，Bt 棉花种植面积几乎达到了最大值，所以农业生物的增速 2013—2014 年下滑到 4.3％（2012—2013 年为 5％），未来，除非印度政府批准其他转基因作物品种，否则还可能进一步下滑。

（三）出口

印度是世界棉花主要出口国之一，包括少量的 Bt 棉籽和棉籽粕。2014 年，印度出口了大约 410 万包（约 217.72 千克/包）棉花，近年来出口最多的是 2011 年达到 1 110 万包棉花。因为棉花相关产品中几乎不含有蛋白质成分，所以出口时一般不需要转基因声明相关文件。印度仅向美国出口少量的棉花或棉籽粕。

（四）进口

2015 年允许进口到印度的唯一转基因食品是由转基因大豆（抗草甘膦品种和 4 个其他大豆品种）加工而成的大豆油。印度从阿根廷、巴西、巴拉圭和乌克兰进口大量大豆油（2014 年为 210 万吨）。

（五）粮食援助

印度不是美国的粮食援助受援国，在短期内也不太可能成为粮食援助受援国。

二、政策

（一）监管框架

印度的转基因作物、动物和产品监管框架基于《环境保护法（1986 年）》及 1989 年《危险微生物/转基因生物或细胞的制造、使用/进出口和存储规则》，确定了 6 个主管部门对转基因生物及其产品的研究、研发、大规模使用和进口进行监管。

2006 年 8 月 24 日，印度政府颁布了《食品安全与标准化法》，这是一综合性的食品管理法规，对转基因食品及其加工食品的监管作了明确规定。按照该法规定，印度食品安全与标准管理局是负责制定和实施食品（包括转基因食品）科学标准的唯一主管部门。然而，印度食品安全和标准管理局还没有履行这一职能的人员。表 6-1 为印度各个部委/邦政府的职责。

表 6-1　印度各个部委/邦政府的职责

部门	作用/职责
环境与林业部	基因工程评估委员会所属部门，根据环境保护法案负责执行 1989 年生物技术规则的节点机构
科技部生物技术局	为基因工程评估委员会评审转基因产品研发的生物安全提供指导和技术支持
农业部	在转基因作物品种完成田间试验对农艺性状评估后，负责评估和批准转基因作物品种的商业释放
卫生与家庭福利部食品安全与标准管理局	负责供人类食用的转基因作物和产品的安全评估和批准。由于印度食品安全与标准管理局尚未制定相关法规，仍由印度基因工程评估委员会代为履行职责
各个邦政府	监督转基因研究机构的安全措施，评估转基因产品商业化可能产生的损害，批准本邦内已获印度基因工程评估委员会批准的转基因作物的田间试验和商业化种植
农业部及各邦政府的生物技术局	通过各个研究机构和邦农业大学支持农业生物技术的研发

1990 年，生物技术局制定了《重组 DNA 指南》，后于 1994 年对其进行了修订。1998 年，生物技术局发布了单独的《转基因植物研究指南》，包括用于研究的转基因植物的进口和运输。2008 年，印度基因工程评估委员会通过了《开展密闭田间试验的指南和标准操作程序》。此外，印度基因工程

评估委员会还通过了新的《转基因植物衍生食品安全评估指南》。

1. 基因工程评估委员会的犹豫　从 2012 年 4 月到 2014 年 3 月，隶属于环境与林业部的基因工程评估委员会没有对正在等待审批的转基因作物作任何决定，致使委员会的职能处于停止状态。上届政府于 2014 年 3 月 21 日重新召集了遗传工程评估委员成员，于 2014 年 4 月 25 日和 5 月 12 日举行了两次会议。

2014 年 5 月，新一届国家民主联盟政府组建之后，基因工程评估委员会在新政府的领导下于 2014 年 7 月 17 日举行了第一次会议，会上批准了多个转基因作物品种的田间试验。这遭到了由印度人民党领导的执政政府多个下属组织的强烈反对。因此，基因工程评估委员会在 2014 年 9 月和 2015 年 2 月举行的两次会议上并未审议任何新的转基因作物田间试验申请。自 2015 年 2 月以来，该委员会一直没有举行会议，申请在 2015—2016 年种植的新转基因品种田间试验都没有获得批准。然而，业内人士仍希望政府能恢复基因工程评估委员会的职能，继续审批转基因作物的田间试验及审核其他转基因作物的批准情况。

2. 最高法院待审案件　2012 年 5 月 10 日，印度最高法院任命了一个由 6 名成员组成的技术专家委员会，负责在田间试验审批前，对所有转基因作物风险研究进行评估并给出建议。印度最高法院的这一做法是为了回应 2005 年提出的一份申诉，指责在未对生物安全问题进行适当科学评估的情况下便允许进行转基因作物田间试验的行为（更多信息可参阅 GAIN 报告 IN8077）。

技术专家委员会于 2012 年 10 月 7 日向最高法院提交了中期报告，建议禁止正在进行的转基因作物的田间试验，直至解决了现有生物安全监管体系的漏洞为止。2012 年 11 月 9 日召开了最高法院听证会，对技术专家委员会的报告进行了讨论，印度政府和各行业利益相关者强烈反对技术专家委员会的建议。因此，最高法院要求技术专家委员会在作出最终建议时考虑持反对意见。最高法院还提名 1 名资深农业科学家代替之前提名的 1 名拒绝加入技术专家委员会的成员。2013 年 7 月 18 日，技术专家委员会的 5 名成员提交了最终报告，建议禁止进行田间试验，直至解决了现有监管体系的漏洞为止。然而，技术专家委员会的第 6 名成员（农业科学家）则提交了另外一份报告，反对技术专家委员会的建议。2014 年 4 月 1 日，印度政府向最高法院提交了一份宣誓书，反对技术专家委员会 5 名成员的报告。在 2014 年 4 月 22 日和 5 月 7 日召开的法院听证会上，5 名技术专家委员会成员提交的报告遭到了印度政府和生物技术行业利益相关者的强烈反对。这一讨论很可能在下次听证会上继续进行，但是下次听证会的开会时间至今仍未确定。

3. 印度食品安全和标准管理局还不具备监管转基因食品的能力　继 2006 年颁布《食品安全和标准法》之后，印度环境与林业部于 2007 年 8 月 23 日发布了一项通知指出，由转基因产品加工而成的食品（最终产品不是改性活生物体）不需要从基因工程评估委员会获得在印度进行生产、销售、进口和使用的许可。由于加工食品不具有生命，在环境中不能自主复制，因此《环境保护法（1986 年）》并未将加工食品视为环境安全问题。然而，转基因活生物体的进口仍在基因工程评估委员会和 1986 年《环境保护法》的管辖范围内。

依据法律规定，印度食品安全与标准管理局对印度的转基因食品具有监管权，但其尚未制定具体的法规。为此，印度卫生和家庭福利部（MOHFW）要求印度基因工程评估委员会继续根据 1989 年《危险微生物/转基因生物或细胞的制造、使用、进出口和存储法》管理转基因加工食品。这样一来，印度环境与林业部发布的有关加工食品的通知被延迟执行，而印度基因工程评估委员会继续负责管理转基因加工食品的进口管理。2010 年 5 月 21 日，印度食品安全和标准管理局发布了《印度转基因粮食的监管实施条例草案》。然而，印度食品安全和标准管理局至今没有对该转基因粮食条例发出正式通知。因此，在新法规颁布实施之前，《环境保护法（1986 年）》仍是印度转基因监管体系的基石。

4. 生物技术监管局法案失效　2007 年 11 月 13 日，科技部发布了《国家生物技术战略》，建议印度建立国家生物技术监督管理局，以进一步加强监管框架，并为生物安全通关提供单一窗口机制。2008 年，生物技术局颁布《国家生物技术监管法案》及《国家生物技术监督管理局建立方案》草案。

在与各利益相关者进行部际协商后，生物技术局随后对草案进行了修订，并于 2013 年 4 月 22 日将修改后的草案提交给印度议会的科技环境与林业常务委员会讨论。2013 年 6 月 11 日，该常务委员会发出通知，向利益相关方征求意见。但随着第 15 届下议院的解散，生物技术监管草案于 2014 年 5 月失效。新任执政的国家民主联盟政府必须重新向印度议会提交生物技术监督草案，草案可以以当前的形式提交也可以进一步进行协商和修改。在议会批准新的生物技术监督法案之前，印度监管机制仍按《环境保护法（1986 年）》和 1989 年《危险微生物/转基因生物或细胞的制造、使用、进出口和存储法规》对生物技术进行监管。

（二）审批

1. 商业化或种植审批 Bt 抗虫棉是印度政府批准种植的唯一转基因作物。表 6 - 2 为印度批准的 Bt 棉花转化体。

表 6 - 2　印度批准的 Bt 棉花转化体

基因/转化体	研发者	用途
Cry1Ac（Mon 531）[1]	美合孟山都生物技术公司	纤维/种子/饲料
Cry1Ac、Cry2Ab（Mon 15985）[2]	美合孟山都生物技术公司	纤维/种子/饲料
Cry1Ac（Event 1）[3]	JK Agrigenetics 公司	纤维/种子/饲料
Cry1Ab 和 Cry1Ac（GFM Event）[4]	Nath Seeds 公司	纤维/种子/饲料
Cry1ac（BNLA1）	中央棉花研究所	纤维/种子/饲料
Cry1C（MLS 9124 Event）	Metahelix 生命科学公司	纤维/种子/饲料

资料来源：印度政府印度转基因研究信息系统（IGMORIS）。
[1] 基因来自孟山都公司。
[2] 复合性状基因来自孟山都公司。
[3] 基因来自印度理工大学克勒格布尔分校。
[4] 融合基因来自中国。

2. 田间试验　根据遗传操作审查委员会的建议，印度基因工程评估委员会负责对转基因田间试验进行审批。2008 年，基因工程评估委员会通过了基于转化体的审批体系，审查转化体的性状效力，关注生物安全，尤其是环境安全和健康安全。在任何转化体获批商业化使用前，必须进行广泛的农艺性状田间试验评估，田间试验由印度农业研究委员会（ICAR）的下属机构或者邦农业大学（SAU）负责监督，至少要进行两季试验。产品开发商也可以把农艺试验和生物安全试验结合起来，或者在基因工程评估委员会给予环境许可和印度政府最终授权后单独开展农艺性状试验。

2011 年初，一些邦政府反对未经其许可就批准进行转基因作物田间试验。2011 年 7 月 6 日，印度基因工程评估委员会修改了田间试验授权程序，要求申请人（技术研发者）在开展田间试验之前要获得相关邦政府出具的"无异议证明书"。此前已获得批准的申请也需要在开展田间试验之前从相关邦政府获得"无异议证明书"。业内人士报告说，2014—2015 年只有安德拉邦、德里邦、古吉拉特邦、哈里亚纳邦、旁遮普邦、卡纳塔卡邦和马哈拉施特拉邦政府发放了"无异议证明书"，一些邦政府仅限开展非粮食作物（棉花）田间试验。

自 2014 年 3 月以来，基因工程评估委员会批准了 21 个申请人的田间试验申请，允许一些新的转基因作物品种在 2014—2015 年进行田间试验。此外，之前批准进行多年田间试验的转基因品种也可以在 2014—2015 继续进行试验。

3. 其他要求　转化体获得商业化应用批准之后，申请人可以根据《国家种子政策（2002 年）》和各邦制定的种子法规在各邦注册和销售种子。在转基因作物实现商业化种植后，印度农业部将与各邦农业部门负责检测它们的田间表现，持续时间 3～5 年。

4. 复合性状转化体审批　就审批而言，复合性状转化体（即使包含已经批准的转化体）基本上作为新转化体对待。

（三）共存

印度政府并未制定转基因和非转基因作物共存问题相关的具体法规。2007 年 1 月 10 日，印度基因工程评估委员会决定在印度香米种植区禁止进行转基因作物多点田间试验，尤其是在旁遮普邦、哈里亚纳邦和北安查尔邦等地理标志邦。

（四）标识

2006 年 3 月，印度卫生与家庭福利部发布了对 1955 年颁布的《防止食品掺假法》修正草案，将标识要求扩大到涵盖"转基因食品"。印度食品安全与标准管理局就该修正草案与不同利益相关者展开了磋商，按照 2006 年《食品安全和标准法》要求审议标识方案，但尚未达成任何决定。

2012 年 6 月 5 日，印度食品和公共分配部消费者事务局发布了修订 2011 年《法定计量（包装商品）法规》的通知，该通知于 2013 年 1 月 1 日起生效，其中规定"含有转基因食品的所有包装均应在主要展示面上部标注'转基因'字样"。消费者事务局指出，这是为了确保消费者的知情权。但消费者事务局并未真正执行该标识要求，而且由于印度食品安全与标准管理局仍在制定转基因食品标识法规，消费者事务局对转基因食品标识要求的未来状态仍不确定（见 GAIN 报告 IN2078）。

（五）贸易壁垒

2006 年 7 月 8 日，商务与产业部发出通知，要求所有含有转基因成分的进口产品必须事先获得基因工程评估委员会的批准。该通知直接要求在进口时进行转基因申报。2006 年，环境与林业部发布了《基因工程评估委员会转基因产品进口许可程序》。

业内人士指出，基因工程评估委员会制定的转基因产品进口许可程序非常冗长，而且没有科学依据，该程序可以有效禁止进口。然而，2007 年 6 月 22 日，基因工程评估委员会向耐草甘膦大豆加工而来的大豆油颁发了永久进口许可证。2014 年 7 月 17 日，基因工程评估委员会还批准了其他 4 个转基因品种加工的大豆油的进口许可证。尚没有其他种类的转基因食品允许进口。

转基因种子和种植材料的进口受 2003 年《植物检疫规则》（印度进口植物检疫规则）的管辖，该规则于 2004 年 1 月生效，用于实验研究的种质/生物工程生物体/转基因植物材料的进口也受该规则的管理，授权印度国家植物遗传资源局签发进口许可证。

（六）知识产权

2001 年，印度颁布了《植物品种保护和农民权利法》，以保护植物新品种，包括转基因植物。2005 年成立了植物品种保护和农民权利管理局（PPVFRA），截至 2015 年已通报注册了 88 种作物品种，包括 Bt 棉花杂交品种。

（七）《卡塔赫纳生物安全议定书》的批准

2003 年 1 月 17 日，印度批准了《卡塔赫纳生物安全议定书》，之后制定了执行该议定书的法规。印度环境与林业部建立了生物安全资料交换所（BCH），以促进转基因活生物体相关的科学、技术、环境和法律信息的交换。印度基因工程评估委员会负责批准转基因产品的贸易，包括种子和食品。印度传统上主张对转基因活生物体的越境转移实施严格赔偿责任制度和补救措施，这可能使 Bt 棉籽向邻国的转移更加复杂化。

（八）国际条约/论坛

在国际食品法典委员会的讨论中，印度支持对转基因食品强制标识的做法，要求只要食品和食品配料含有转基因生物就必须强制申报。

（九）监督和检测

农业部负责监督获批的转基因作物品种的农艺性状和环境影响，为期 3 年。然而，印度没有对转基因食品进行监督的常规计划。如果怀疑市场上存在未经批准的转基因食品，印度食品安全和标准管理局及邦政府的食品安全主管部门可以抽取样品，在各个政府和拥有能够识别品种设备的私营食品实验室进行检测，如果发现含有未经批准的转基因成分就进行刑事诉讼。

（十）低水平混杂

印度对未经批准的转基因食品和作物品种采取零容忍政策。

第三部分　动物生物技术

一、生产与贸易

(一) 生物技术产品开发

印度的动物生物技术研究尚处于初级阶段，但在克隆动物方面则取得了一定的成功。2009 年 2 月 6 日，国家乳业研究所的科学家们通过先进的人工引导克隆技术获得了第一头克隆母水牛牛犊，但是这头小牛出生后不久就死了。2009 年 6 月 6 日和 2010 年 8 月 22 日又诞生了两头克隆母牛犊，2010 年 8 月 26 日诞生了一头公牛犊。虽然第二头克隆母牛犊两年后死了，但第三头母牛犊和克隆公牛犊仍然存活（图 6-2）。2013 年 1 月 25 日，存活的克隆母牛犊与一头测试公牛犊配种后产下了一头公牛犊。2014 年 12 月 27 日，通过采用人工引导克隆技术，第一头克隆母水牛产下了第二头小牛犊，这是该研究所获得的第八头克隆牛犊（图 6-2）。2012 年 3 月 9 日，谢里夫克什米尔农业科技大学（SKUAST）斯里那加分校的科学家报道其利用相同的克隆技术研发了一头绒山羊。印度国立乳业研究所的科学家指出，克隆研究仍处于实验阶段，将这一技术标准化并用于商业化生产可能还需 3～5 年的时间。

图 6-2　克隆水牛
a. 克隆母水牛；b. 克隆公水牛

印度的大部分动物生物技术研究都集中在重要牲畜、家禽和海洋物种的基因组学方面，以期发现耐热/耐寒、抗病和重要经济价值基因。牛基因组学项目着重于挖掘耐热、抗病，以及决定产犊间隔、哺乳期长短和产奶量等经济因素特征的基因，通过传统育种或基因工程或基因组编辑等方法将重要性状融合，用于未来的育种。

大多数动物生物技术研究均由公共研究机构实施，如印度农业研究委员会下属机构、科学与工业研究委员会下属机构、邦农业大学和生物技术局支持的其他研究组织。

(二) 商业化生产

截至 2015 年，印度没有商业化生产转基因动物，包括克隆动物或转基因动物及其衍生产品。

（三）生物技术进出口

截至 2015 年，印度不允许进口也不出口任何转基因动物或克隆动物及其衍生产品。

二、政策

（一）监管

转基因动物及其产品的研发、商业使用和进口受《环境保护法（1986 年）》管辖。然而，克隆动物研究和动物基因组学研究不属于该法的监管范围。鉴于克隆动物仍处于研究阶段，还没有制定克隆动物商业化生产或销售的相关法规。

（二）标识和可追溯性

印度尚未制定转基因动物及其产品（包括克隆动物）标识和可追溯性法规。

（三）贸易壁垒

植物转基因产品的贸易壁垒也适用于动物转基因产品。

（四）知识产权

印度没有制定专门动物生物技术或转基因动物相关的知识产权法规。

（五）国际条约/论坛

并未发现印度在国际场合中对动物生物技术（包括转基因动物、基因组编辑和克隆动物）采取的任何立场。

日本农业生物技术年报 ⠿⠿

　　报告要点：日本是世界上人均转基因食品和饲料进口最多的国家之一，转基因法规科学透明，新品种通常在符合行业预期的合理期限内获得审批。2015年，9种作物中的148个品种已经被批准环境释放，其中大多数品种具有商业种植许可证，但到2015年并没有商业化种植转基因粮食作物。日本的动物生物技术应用研发较少，大多数研发活动仍然处于基础研究领域。本报告介绍了日本转基因作物和转基因动物的消费、监管、公众认知、研发和生产的最新现状。

第一部分　执行概要

　　日本仍是世界上人均进口现代生物技术生产的粮食和饲料最多的国家之一。虽然美国在历史上是日本玉米的主要供应国，但是在 2012 年美国遭遇旱灾之后，其所占份额显著下降。2013 年 2 月，美国对日本的玉米出口份额降至 23%，但在 2013/2014 销售年度的下半年恢复到 90%。无论供应量如何变化，日本政府对转基因作物的监管审批政策对美国产业及全球粮食生产来说都非常重要，因为收获的转基因作物如果不能获得日本政府批准，会导致严重的贸易中断。因此，日本政府的监管审批政策对最新农业技术的推广至关重要。日本每年从世界各国进口大约 1 500 万吨玉米和 300 万吨大豆，其中大约 3/4 是用生物技术生产的。日本还进口价值数十亿美元的加工食品，它们含有源自转基因作物的油、糖、酵母、酶和其他配料。

　　日本的转基因法规科学透明，新品种通常在符合行业预期的合理期限内获得审批。截至 2015 年 6 月 29 日，日本批准了用于粮食用途的 302 个品种，包括复合性状品种。然而，过去 12 个月批准的品种数量从 100 多个减少到 12 个。批准品种数量的减少是因为日本厚生劳动省改进了在 2015 年实施的审核流程，虽然采用已获批的单一转化体培育复合性状转化体可以免于科学评估，但前提是交叉授粉不会影响宿主的代谢系统。除了更有效地管理审核流程外，增加对流行转基因品种的熟悉程度有助于及时审核。但与此同时，假设未来 10 年投放市场的转基因品种的数量和类型增加，新型转化技术出现，参与生物技术行业的风险资本申请更多转化体的商业化，一些新兴经济体国家批准更多的转化体商业化，日本可能会和其他许多国家一样，面临监管方面的挑战。作为世界上最大的人均转基因作物进口国之一，加强日本转基因监管体系，注重生物技术的长期趋势将有益于所有利益相关者。

　　截至 2015 年，9 种作物的 148 个品种已经被批准进行环境释放，其中大多数品种具有商业种植许可证。然而，日本没有进行转基因粮食作物的商业化种植。三得利公司 2009 年获批商业化的转基因玫瑰仍是日本商业化种植的唯一转基因作物。三得利公司还获得了 8 种转基因康乃馨的环境释放许可证（包括商业化种植）。然而，这些康乃馨均在哥伦比亚种植，然后出口到日本。

　　日本在动物生物技术应用研发方面的工作较少。大多数研发活动仍然聚焦在基础研究领域。用于兽药生产的转基因蚕是日本动物生物技术商业化应用的少数示例之一。

第二部分　植物生物技术

一、贸易与生产

（一）产品开发

在 20 世纪 90 年代初之前，日本公共机构和私营机构的农业生物技术研发非常活跃。然而，由于经济衰退和公众接受度的不可预测性，大多数私营企业都倒闭或大幅度降低了经营规模。截至 2015 年，大部分农业研发工作都由公共机构、政府研究机构和高校进行。私营机构也承担了一些研发项目，但除食品添加剂外，大多数项目均由政府资助。

美国的研发工作靠私营机构推动，而日本的研发工作因受多种因素影响，进展相对缓慢。其中一个原因就是消费者接受转基因作物的态度非常谨慎。即使是具有高附加值的转基因作物，消费者对其接受度也不可预测，日本零售商和食品制造商对使用转基因作物来生产需要添加标识的产品非常保守。因此，农民即使知道转基因作物能够带来好处，也不会种植转基因作物。第二个原因是监管审批。除了中央政府的监管法规之外，许多地方政府还制定了其他一些规定，甚至对中央政府批准种植的转基因品种也作了规定。这种状况极大地挫伤了农业生物技术的研发。然而，即使存在这些限制，研发工作也值得一提。

森林与林产品研究所（FFPRI）采用基因工程技术培育成一种无花粉柳杉（*Cryptomeria japonica*）。据估算，20％到 30％的日本人都对花粉过敏，因高温使花粉大量释放而造成的经济损失高达 50 亿美元甚至更多。在雄性开花或花粉繁育过程中，该研究所的研究组通过抑制特异性表达的基因培育出无花粉柳杉。2015 年 4 月 8 日，该研究所获准进行 2 年的转基因无花粉柳杉田间开放试验。

日本政府的另一个研究机构国家农业科学研究所（NIAS）采取了另外一种解决花粉过敏问题的方法——利用转基因水稻，该水稻能够产生抗柳杉花粉过敏的治疗疫苗。研究人员解析改造了柳杉花粉的抗原基因，并将其转入水稻中。将含有改造过的柳杉花粉抗原基因的转基因水稻在临床试验中用于饲养小鼠，成功抑制了流鼻涕和鼻组织炎等花粉病症状。研究人员于 2015 年 2 月开始进行人体临床试验，这迈出了未来商业化生产第一步。

日本一些农业生物技术研究很独特，专门针对具有直接消费利益的作物。日本筑波大学的一个研究组用产生神奇果素的基因对番茄进行了基因改造。神奇果素是一种蛋白质，积聚于原产西非的一种"神奇水果"（*Richardella dulcifica*）中。当人们食用少量的神奇果素时，它就黏在味蕾上，将酸味变成甜味。含有神奇果素的转基因番茄可以提供给需要减少糖摄入量的人群食用，如糖尿病人群。虽然食用转基因番茄是完全安全的，但是筑波大学的研究者似乎希望从转基因番茄中提取神奇果素，在市场上销售其纯化蛋白质。

（二）商业生产

日本没有商业化生产转基因粮食作物。唯一商业化生产的转基因作物是三得利公司（日本第三大啤酒生产商）研发的一种转基因玫瑰。转基因玫瑰是世界上第一种蓝色玫瑰。三得利公司通过 RNA 干扰技术沉默二氢黄酮醇 4-还原酶基因（这种基因是玫瑰中的红色素来源）研发了转基因玫瑰。截至 2015 年，尚未公开公布这种玫瑰的产量和销售量。三得利公司还获得几种转基因蓝色康乃馨的种植批准。然而，这些康乃馨并没有在日本种植，而是在哥伦比亚种植后出口到日本。一些转基因康乃馨在其他国家（如马来西亚和欧盟）获得了监管部门的批准，但出口量未知。

虽然日本没有商业化生产任何转基因粮食作物，但是 2014 年 4 月 24 日，Hokusan 公司开始用转基因草莓生产世界上第一种犬科药品。Hokusan 公司是第一三共制药公司和 Hokuren 农业合作社联合会于 1951 年共同创建的一家私营公司。该药品遍布整个日本，但没有受到养狗人士的反对。转基因草莓是在封闭环境中种植，封闭环境采用了研发阶段使用的可控光、温度和营养液。该环境能够实现草莓的优化生长。由于采用了封闭环境种植，制造商可避免环境保护组织的质疑和反对。日本的企业和生产商对消费者的态度非常敏感，这种封闭种植高价值作物（如药用植物）的环境可能是增加转基因作物商业化生产的一种途径。

虽然没有生产商种植转基因粮食作物，但是有少数对转基因作物生产，尤其是对转基因大豆和甜菜非常感兴趣的职业农民种植了转基因作物。北海道位于日本最北部，是日本最大的农业产区，农业生产总值占北海道 GDP 的 2.7%，占全国 GDP 的 1%。北海道还具有规模优势，北海道农场的平均规模和日本全国农场的平均规模分别为 25.8 公顷和 2.4 公顷。由于北海道有多个超过 100 公顷的农场，种植转基因作物的优势十分显著。在日本农业领域，反对转基因作物的争论之一就是当前现有的转基因品种和作物是否适合日本的农业实践和农场规模。然而，通过北海道的两个专业种植者实践，证实了转基因作物（大豆和甜菜）的好处。其中一位种了 100 公顷大豆和小麦的种植者估计，用耐草甘膦大豆代替非转基因品种，其用工时间减少了 41%，加上除草剂成本的降低，每单位种植面积的利润增长了 41%。使用转基因大豆最显著的好处是可以节省劳作时间，种植者从而能扩大农场规模。农场规模的增加不仅有利于种植者，而且还有助于日本的粮食安全，以及在种植者退休后农田不遭废弃。另一位种植者估算了种植转基因甜菜的好处。与转基因大豆一样，种植耐草甘膦甜菜的好处是使工作时间缩短了 58%，每单位种植面积的利润提高 72%。日本大豆和糖的自给率大约分别为 7% 和 35%。此外，大约 70% 用于榨油和饲料的大豆几乎都是非受控条件下种植大豆。由于日本食品行业使用非受控条件下种植的大豆已达 20 年，预计日本市场会对国内非受控条件下种植的大豆具有需求。

然而，当地种植者要从事转基因作物商业化种植还面临一些重大障碍。例如，地方法规，某地规定农民必须向北海道知事办公室交大约 314 760 日元（3 150 美元）的审核费。又如，如果农民种植耐除草剂品种（如抗草甘膦品种）需要确保该除草剂在日本做过相关化学品登记。

（三）出口

日本不出口转基因粮食作物。

（四）进口

1. 粮食　在粮食方面，日本是从农业生物技术中获益最大的国家之一。几乎 100% 的玉米供应和 95% 的大豆供应都依赖于进口。几十年来，美国一直是日本的主要玉米供应国。

日本进口的 1 510 万吨玉米中，大约 510 万吨用于食品加工。在 2008 年粮食价格上涨之前，日本进口的大多数食用玉米都是非转基因玉米，非转基因玉米比非受控条件下种植的玉米价格更昂贵。2008 年粮价上涨，由于生产商不愿将更高的价格转嫁给消费者，日本食品生产商被迫进口更具成本效益的转基因玉米。据美国海外农业局东京站估计，日本进口的大约一半食用玉米都是非受控条件下种植的玉米或者是转基因玉米。感到意外的是，日本食品行业引进转基因玉米没有引起媒体的高度关注，也没有引起消费者的负面反应。虽然没有官方统计数字，据不同来源的信息估计，转基因食用玉米的使用量虽然增加了近 50%，但是昂贵的非转基因玉米仍然占有大部分市场。原因之一是 "happoshu"（又名 "第三类啤酒"）或低麦芽含量啤酒（低麦芽含量啤酒是一种采用非麦芽材料酿造的类似啤酒的饮料）的主要生产商仍然坚持使用非转基因玉米。日本四家主要 "第三类啤酒" 生产商都声称，他们采用的是非转基因玉米，这可能是担心消费者反对。

虽然市场份额因为总产、单产和市场需求而波动，转基因和其他农业科学技术在作物生产中的重要性保持不变。2014 年，将玉米出口到日本的第二大国是巴西，巴西积极采用转基因技术进行玉米生产。巴西生产的 82% 的玉米都采用了转基因技术（GAIN 报告 BR0938）。为了应对全球气候变化，降低环境影响，以及拯救自然资源，农业生物技术将持续发挥作用，但随着全球粮食贸易日益增加，遵守全球监管标准依然重要。表 7-1 为 2013—2014 年度日本玉米进口情况。

表 7-1　2013/2014 年度日本玉米进口情况（千吨）

进口国		进口量
饲用玉米	美国	6 456
	巴西	1 908
	乌克兰	1 088
	阿根廷	287
	南非	126
	罗马尼亚	98
	俄罗斯	9
	印度	>1
	法国	>1
	巴拉圭	>1
	其他	0
	饲料总量	9 971
用于食品、淀粉和制造的玉米	美国	4 561
	巴西	287
	乌克兰	132
	南非	46
	俄罗斯	41
	澳大利亚	35
	法国	21
	阿根廷	14
	印度	5
	食品和其他合计	5 147
	总计	15 118

资料来源：日本财政省。

2. 新鲜产品　自获得批准以来，出口到日本的转基因木瓜数量非常有限。木瓜在日本是小众产品。木瓜不如其他热带水果（如芒果）受欢迎，日本消费者不清楚怎样正确区分木瓜的成熟度和品种特征。此外，美国（更确切地说是夏威夷）木瓜不得不与具有价格优势的菲律宾木瓜竞争。零售商似乎不愿意销售转基因木瓜，因为他们担心会失去购买非转基因木瓜的顾客。日本零售商店没有销售转基因木瓜，但是几家酒店餐厅和连锁餐厅在向其顾客推销转基因木瓜。

（五）粮食援助

日本不是粮食援助接受国。

二、政策

（一）监管框架

在日本，转基因植物产品的商业化需要获得用于食品、饲料的批准和环境许可证。监管框架内所涉及的四大部门是农林水产省、厚生劳动省、环境省、文部科学省（表 7-2）。这些部门还参与环境保护及实验室试验的监管。食品安全委员会（FSC）作为内阁府下属的独立风险评估机构，为厚生劳动省和农林水产省开展粮食和饲料安全的风险评估。

表 7-2　日本负责转基因产品安全审核的部门

批准类型	检查机构	司法管辖	法律依据	考虑的要点
食品安全	粮食安全委员会	内阁府	《食品安全基本法》	宿主植物、基因修饰过程中使用的基因，以及载体的安全性；基因修饰产生的蛋白质的安全性，尤其是致敏性；由于基因修饰而出现非预期效应；可能引起的食品营养成分的显著变化
动物饲料安全	农业材料委员会	农林水产省	《饲料安全和质量改进法》《饲料安全法》	与现有传统作物相比，饲料使用中的任何显著变化；产生毒性物质的可能性（特别是在转化和动物代谢系统之间的相互作用方面）
对生物多样性的影响	生物多样性影响评估组	农林水产省和环境省	《生物多样性法（转基因生物使用法规)》	竞争优势；产生毒性物质的可能性；交叉授粉

资料来源：全球农业信息网。

风险评估和安全评估由顾问委员会和科学专家组实施。专家组主要由研究人员、学者及公共研究机构代表构成。顾问委员会的成员包括技术专家及来自各利益相关方的代表，如消费者代表和企业代表。专家组的决策由顾问委员会审核，顾问委员会将向相关部门报告发现的问题并提出建议。然后各省大臣通常再对产品进行审批。

用作食品的转基因植物必须获得厚生劳动省大臣下发的食品安全批准书。根据《食品卫生法》的规定，在收到相关方（通常是生物技术提供商）提交审核的申请书后，厚生劳动省大臣将要求食品安全委员会进行食品安全评估。食品安全委员会内部设立了转基因食品专家委员会，该委员会由高校和公共研究机构的科学家组成。专家委员会依据实际科学评估，在完成评估后，食品安全委员会向厚生劳动省大臣提交结果。然后食品安全委员在官方网站上发布转基因食品的风险评估结果（英文版）。食品安全委员会规定从受理申请书到签发批准书的时间为 12 个月。

按照《饲料安全法》的规定，用作饲料的转基因产品必须获得农林水产省大臣的批准。根据申请人的请求，农林水产省要求重组 DNA 生物专家组〔隶属农林水产省农业材料委员会（AMC）下〕审核用于饲料的转基因作物。专家组评估家畜饲料的安全性，评估结果再由农业材料委员会审核。农林水产省大臣还可要求食品安全委员会下属的转基因食品专家委员会评估畜产品对人类健康的潜在影响，这些畜产品源于由转基因饲料饲养的动物。农林水产省大臣则根据农业材料委员会和食品安全委员会的审核结果批准转基因品种的饲料安全性。

日本于 2003 年批准了《卡塔赫纳生物安全议定书》。为了实施该议定书，2004 年，日本通过了《关于通过改性活生物体条例保护和可持续利用生物多样性法》（又称为"卡塔赫纳法"）。根据该法律的规定，文部科学省要求在实验室或温室进行早期农业生物技术实验之前必须获得大臣的许可。将农林水产省和环境省对在实验室或温室中使用转基因植物的联合批准，作为生物多样性评估的一部分。在通过隔离田间试验收集必要的科学数据后，经农林水产省大臣和环境省大臣的许可，对转基因作物进行环境风险评估（包括田间试验）。农林水产省和环境省的专家组联合进行环境安全评估。农林水产省规定从受理材料到审批的处理时间为 6 个月。但如果申请人修改档案材料，那么审批将暂停。

初步协商、进行封闭式田间试验和正式通知行政部门等需要耗费大量的时间。此外，通常的做法是先批准食品申请、饲料申请后批准环境释放申请。因此，延迟食品和饲料的审批将延迟环境释放的审批。实际上，完整审批所需的实际时间在品种之间存在显著差异，但是对于常见基因的转基因食品、饲料和环境释放申请，正式批准的时间通常在正式受理文件后的 18 个月内。

与食品安全无关的新标准或法规（如标识和知识产权处理协议）由消费者事务局（CAA）食品标识处负责处理。消费者事务局负责保护和加强消费者权利。因此，食品标识（包括转基因标识）由消费者事务局管理。风险管理程序（如制定食品中的转基因产品检测的方法）由厚生劳动省负责。日本政府任何部门都不收取审核转基因作物的监管处理费。

（二）审批

截至 2015 年 6 月 29 日，日本批准了 302 个转基因品种用于食品、140 个用于饲料和 113 个环境释放（包括商业化种植）。批准用于食品的转基因品种不包括 12 个复合性状品种，按照日本现行的法规，这些复合性状转化体不再需要进行监管审查。

彩虹木瓜（55-1）：2011 年 12 月 1 日，日本政府最终签发了进口夏威夷转基因木瓜的最终批准书，这已是正式提交申请 12 年后。

（三）田间试验

日本提供了"仅进口"类转基因作物（仅用于食品和饲料加工用途）的审批，但此类审批所需的资料实际上与环境释放（种植）审批相同，因为日本农林水产省仍将审查进口转基因作物对生物多样性的影响，以防止在运输过程中出现泄漏。

此外，日本是少数几个要求在国内土壤进行田间试验以评估种植转基因作物对生物多样性影响的国家之一，日本是全球要求对"仅进口"类转基因作物进行国内田间试验的两个国家之一（另一个是中国）。因此，申请进口批准的种子无论是否在日本进行商业化种植必须在国内土壤至少进行两次田间试验，即三阶段田间试验（S3-FT）该种子。在商业化部门，这一政策被广泛认为是保护日本生物多样性所不必要的。而且商业化部门还认为日本的监管体系给生物技术提供商在时间、知识资源和财力方面带来了额外的监管成本。三阶段田间试验其中一个限制因素是资源的可获性（隔离农田）极其有限。所有主要技术提供商要么拥有自己的 S3-FT 试验田，要么有安全且长期租赁的土地。日本法规要求详细说明用于试验的隔离农田情况，而且持续监测三阶段田间试验的管理情况。由于只有少数几家技术提供商有能力满足此要求，该要求给许多农业生物技术提供商造成市场准入障碍。国际农业生物技术标准制定机构通常认为，国内田间试验对于食品安全或环境风险评估来说不是必要的步骤。

同时，日本一直在提高其监管效率。在不久的将来，可能进行的一项重大调整是灵活管理三阶段田间试验要求。虽未取消对进口的所有作物田间试验要求，日本政府开始计划对国内无野生近缘种作物（如玉米）、具有常见性状的作物（如耐除草剂和抗虫）实行豁免（取消三阶段田间试验要求）。日本政府及学术界成员在内部讨论了这一议题，而且于 2014 年 6 月 30 日公开举行了专家会议。对转基因玉米免于三阶段田间试验的决定，将对技术提供商和监管机构都产生十分积极的影响。

日本近期对复合性状（品种）的审批流程作了改进。食品安全委员会 2004 年的意见书将转基因品种归为三类：①引入基因不影响宿主的新陈代谢，主要是使宿主抗虫、耐除草剂或抗病毒；②引入基因改变了宿主的新陈代谢，并且通过促进或抑制特定的代谢途径使宿主增加营养成分或抑制细胞壁降解；③引入基因能合成原始宿主植物不常见的新代谢物。

日本提出对由已获批的单一性状转化体杂交而来的复合性状转化体实施审查豁免，前提是单一性状转化体的杂交不会影响受体植物的新陈代谢途径。即属于上述第一类的获批单一转化体，通过杂交获得的复合性状转化体可以实施食品安全审查豁免。但除此之外的其他已获批单一转化体杂交获得的复合性状转化体，仍需进行安全审批。该提案于 2014 年 6 月 27 日生效。这种在食品安全审核监管中处理复合性状（品种）的方法将会在多方面产生巨大的积极影响。由于这一豁免，2014 年批准的转基因品种数量低于 2013 年和 2014 年批准的转基因品种。截至 2015 年 6 月 28 日，12 个复合品种

（1 个大豆品种、4 个玉米品种、2 个油菜品种和 5 个棉花品种）审查豁免。

此外，对已获批的 3 个单一转化体 A、B、C，如果研发者计划商业化种植 A×B、B×C 和 A×C 这 3 个复合性状转化体，在过去需要提交 3 份单独的申请，但现在研发者可为各种不同组合（A×B、B×C、A×C 和 A×B×C）提交 1 份申请。自做出这一变更以来，日本已经批准了 19 个转化体，完善了复合性状转化体的处理流程。

关于复合品种的饲料安全性，农林水产省要求农业材料委员会重组 DNA 生物体专家组进行饲料安全审批。与之前饲料安全审批不同，专家组的审批既不需要农林水产省大臣的通知也不受公众评价的约束。

（四）额外要求

对于耐除草剂转基因作物，除了获得商业化种植的监管审批，还需在日本进行相关的化学品注册。由于日本国内没有进行转基因作物的商业化种植，即便在完成转化体审批后，可能也无法完成相关的化学品注册。

（五）共存性

农林水产省发布的 2004 年指导准则要求，在进行田间试验之前，必须通过网站及与当地居民召开会议的方式，公布有关田间试验的详细信息。农林水产省还要求建立缓冲区，以防止周围环境中的相关植物物种发生交叉授粉。表 7-3 为日本转基因作物田间试验隔离距离要求。

表 7-3　转基因作物田间试验隔离距离要求

田间试验植物的名称	最小隔离距离
水稻	30 米
大豆	10 米
玉米（仅适用于食品和饲料安全审批）	600 米或 300 米（有防风林带）
油菜籽（仅适用于食品和饲料安全审批）	400 米或 600 米（如果周边的非转基因油菜与进行田间试验的油菜同时开花）。此外，田间试验地周围保持 1.5 米宽的花粉和授粉昆虫隔离带

资料来源：全球农业信息网。

除了农林水产省的指导准则外，地方政府往往还有严格的法规和/或指导准则，其中可能包含与邻近农民和社区进行风险沟通的要求，以获得种植转基因作物的许可。地方政府的法规往往是转基因作物种植者最难逾越的障碍。

日本地方政府制定了许多与农业生物技术有关的规则。这些规则的绝大多数都是对民众担忧做出的政治回应，并非以科学为基础。

1. 北海道（条例）　日本最北部岛屿北海道是该国的产粮区，多数情况下，在农业政策问题上居于全国主导地位。一些种植者希望种植转基因作物（如耐除草剂甜菜），但北海道制定的相关法规有效阻止了转基因作物的商业化种植。

2006 年 1 月，北海道成为全国第一个严格执行地方法规的地区，对种植转基因作物开放进行管理。北海道法规规定了转基因作物田和其他作物之间的最小距离。水稻至少间隔 300 米，玉米 1.2 千米，甜菜 2 千米。这些距离要求几乎是以研究为目的设定的隔离距离的 2 倍。

根据现行规定，露天种植转基因作物的农民必须完成一系列复杂的程序才能向北海道知事办公室提出申请。农民如果不遵守这些程序，可能会被处以 1 年以下的监禁和高达 50 万日元（约 4 065 美元）的罚款。在提交申请之前，农民首先必须自费与邻近农民、农业合作社成员、地区官员和其他利益相关方举行公开会议，说明种植转基因作物的目的及解释如何确保转基因作物不会与非转基因作物混合。然后，农民必须编写完整的会议记录并提交给知事办公室。其次，农民须填写详细的申请书并提交给知事办公室，说明他们种植转基因作物的计划。申请书必须提供精准信息，说明监测作物所用的方法、防止交叉授粉和测试转基因污染的措施，以及应对紧急情况的程序。最后，农民必须向北海道知事办公室支付 314 760 日元（约 2 560 美元）的手续费作为申请审查费用。申请获得批准后，如果农民还需要修改申请书中的种植计划、控制措施等内容，则需北海道知事办公室重新审理，并额外支付 210 980 日元（约 1 715 美元）的再次审理费。

在开放农场进行转基因试验研究的机构受制于类似农民所使用的监管程序。在被政府指定为合法研究机构之后，机构必须正式通报其生物技术研究活动，并向北海道知事办公室提交大量的文件供审批。机构还必须向地方政府审查小组提交详细的试验种植计划供审核。然而，与个体农民不同，研究机构不需要与邻居举行说明会，也不需要向北海道政府支付申请手续费。此外，如果研究机构的职员未能遵守转基因作物种植法规将被处以高达 50 万日元（4 065 美元）的罚款，但不会像农民一样被处以监禁。

北海道知事办公室将根据北海道食品安全委员会（HFSSC）的建议决定是否批准农民和研究机构的申请。食品安全委员会为知事办公室的顾问委员会，由 15 名具有食品安全知识，能代表学术界、消费者和商品生产者的成员构成。委员会还设有 1 个由 6 名专业研究人员构成的独立小组委员会，他们对申请进行科学评估。北海道知事办公室授权北海道食品安全委员会在必要情况下能要求申请人修改其种植计划。

自 2006 年北海道实施转基因监管体系以来，农民和研究机构都没有向北海道知事办公室提交任何开放种植转基因作物的申请。在遵守北海道转基因作物种植法规方面的困难、消费者对转基因产品安全性的持续担忧，以及在封闭环境下开展转基因作物研究的转变，共同有效地阻止了对开放种植转基因作物的尝试。因此，北海道食品安全委员会还没有机会审核，更不用说批准或否决申请。该委员会如何严格评估申请还有待观察。

尽管农业生物技术已经安全有效地应用了 20 年之久，北海道农民仍无法使用最新的农业生物技术。由 50 名职业农民组建的北海道农民协会，于 2015 年 4 月 7 日向北海道研究机构提交了一份申请，要求批准转基因作物（包括大豆、玉米和甜菜）的田间试验。截至 2015 年 7 月 8 日，北海道研究机构没有做出回应。

2. 茨城县（指导准则）　茨城县《转基因作物指导准则》于 2004 年 3 月制定。该指导准则指出，凡计划开放种植转基因作物者必须在种植作物之前向县政府提交申请。种植者必须确保已获得县政府、附近农民和农场合作社的许可。种植者必须采取措施防止与常规作物交叉授粉及与常规作物混合种植。该指导准则于 2006 年 9 月 1 日生效。

3. 千叶县（暂行指导准则）　根据 2006 年 4 月生效的食品安全条例，千叶县政府正在拟定转基因作物暂行指导准则。2008 年 3 月对《转基因作物种植暂行指导准则》进行了最后一次讨论。截至 2015 年 6 月，该暂行指导准则仍在起草阶段，尚未定稿。

4. 岩手县（指导准则）　岩手县于 2004 年 9 月制定了《转基因作物指导准则》。该指导准则指出，县政府应与地方政府和农业合作社合作，要求农民不要种植转基因作物。县政府应要求研究机构在种植转基因作物时要严格遵守实验指导准则。自制定指导准则以来，岩手县似乎没有人尝试过种植转基因作物。

5. 宫城县（指导准则）　2010 年 3 月 5 日，宫城县实施了《宫城县转基因作物种植指导准则》。申请人必须在试验年份的 1 月或 6 月提交试验计划，并且距开展试验至少有 3 个月时间。试验要求基本上遵循日本农林水产省的在《卡塔赫纳生物安全议定书》的情况下开展受控条件下田间试验的要求。然而，申请过程中最困难的部分是与试验田邻居和相关市民举行发布会，以获得种植转基因作物的许可授权。日本东北大学基因研究中心是为数不多的在日本定期进行转基因作物受控条件下田间试验的大学之一，重点进行水稻紫外线敏感度相关的基础研究。

6. 新潟县（条例） 新潟县于 2006 年 5 月实施了严格的《防止转基因作物种植交叉授粉的预防性措施条例》，要求农民要得到知事办公室的许可授权方能种植转基因作物，而研究机构必须提交开放试验报告。违法者将面临最高 1 年监禁或高达 50 万日元的罚款。

7. 滋贺县（指导准则） 据报道，滋贺县政府急于推广生物技术，但担心如果在该地区种植转基因作物，消费者会强烈反对。因此，2004 年通过的《转基因作物种植指导准则》要求农民不得进行转基因作物的商业化种植。对于试验地块，滋贺县政府要求农民采取措施防止交叉授粉和混合种植。该指导准则不适用于研究机构。

8. 京都府（指导准则） 2007 年 1 月，京都府政府根据 2006 年食品安全条例发布了《预防转基因作物交叉授粉和污染的指导准则》。指导准则指出，转基因作物种植者有义务采取措施防止交叉授粉和混合种植。该指导准则提到的转基因作物包括水稻、大豆、玉米和油菜。

9. 兵库县（指导准则） 兵库县于 2006 年 4 月 1 日颁布了《转基因作物种植指导准则》。该指导准则的基本政策涉及两方面：一方面是为农民生产、分配和销售转基因作物提供指导；另一方面涉及转基因产品标识问题，以消除消费者的担忧。

10. 德岛县（指导准则） 德岛县于 2006 年颁布了《转基因作物种植指导准则》。该指导准则指出，想开放种植转基因作物者必须首先告知知事办公室；然后必须在种植转基因作物的农田设立标识牌，标明正在种植转基因作物。该转基因作物种植指导准则被视为德岛县政府与其他地区进行"农场品牌战略"竞争的一部分。

11. 爱媛县今治市（条例） 爱媛县今治市政府起草了转基因作物条例《今治市食品和农业条例》。该条例于 2007 年 4 月生效。条例要求任何转基因产品生产者必须首先获得市长的批准。申请费为 216 400 万日元。该条例禁止在学校午餐中使用转基因食品。

12. 东京都（指导准则） 东京都于 2006 年 5 月颁布了《转基因作物种植指导准则》，要求转基因作物种植者向东京都政府提供信息。东京都大部分为城市地区，但地方政府一直积极制定新的食品安全法规。

13. 爱知县 爱知县没有监管转基因作物生产的具体指导准则。爱知县没有种植转基因作物，但是该县有自己的研发实验室。消费者的担忧限制了对非食用转基因作物的研究。

14. 岐阜县 岐阜县没有监管转基因作物的指导准则，但据报道，当地政府官员由于担心交叉授粉已采取措施限制引进转基因作物。岐阜县没有转基因作物的研发机构。

15. 三重县 三重县没有监管转基因作物生产的指导准则或条例。该县有一个研究农业生物技术和转基因特性的研发实验室。

16. 神奈川县 2011 年 1 月 1 日，神奈川县实施了《反转基因作物交叉授粉条例》，并要求种植者提交种植转基因作物申请（玫瑰和康乃馨除外），原因是转基因作物可能与常规植物交叉授粉。神奈川县的转基因作物种植申请不收取费用。

（六）标识

食品标识（包括转基因标识）问题由消费者事务局（CAA）负责处理。消费者事务局审查与食品标识相关的法律，以期统一《食品卫生法》《日本农业标准法》和《健康促进法》。新的《食品标识法》于 2015 年 4 月 1 日开始实施。其中，关于转基因标识的规定，如需要标识的项目、三种标识类别、非转基因标识的"5％规则"等，保持不变。

在日本，食品标识上可以做三类转基因声明：非转基因、转基因和非受控条件。为了对第一类食品或配料做转基因声明，商品必须在身份保护系统下进行处理并隔离。所有转基因产品和非受控条件下的产品都必须加贴标识。假定非受控条件下的产品主要来自转基因作物，在多数情况下，在加工产品中使用非受控条件下配料的生产商不需要按照日本法规加贴标识，但是可以自愿标识。

非转基因产品的转基因声明是基于非转基因配料从生产到最终加工的身份保护（IP）处理。供应商和经销商负责向出口商提供 IP 处理证书，然后出口商则将证书提供给日本食品进口商或制造商。大豆和玉米的 IP 处理证书可在消费者事务局网站上获得（仅提供日语版）。

如表 7-4 所示，规定了 33 种需要贴标识的产品，这些产品可能使用了含有转基因产品的配料，可以在产品中发现引入的 DNA 或蛋白质的痕迹。如果原材料没有 IP 处理证书，其重量超过食品总重量的 5%，并且是产品中最重要的三大配料之一，则必须贴上有"采用转基因配料"或"转基因配料非受控"短语的标识。为了贴上非转基因标识，加工商必须能够证明，加贴标识的配料从生产到加工的整个过程中都进行了 IP 处理。

表 7-4　强制加贴转基因标识的加工产品

需标识的产品	需标识的配料
①豆腐和油炸豆腐	大豆
②豆腐干，豆腐渣，腐竹	大豆
③纳豆（发酵大豆）	大豆
④豆奶	大豆
⑤豆酱	大豆
⑥煮熟的大豆	大豆
⑦罐装大豆，瓶装大豆	大豆
⑧烤大豆粉	大豆
⑨烤大豆	大豆
⑩以上述①～⑨项为主要配料	大豆
⑪以大豆为主要配料	大豆
⑫以豆粉为主要配料	大豆
⑬以大豆蛋白质为主要配料	大豆
⑭以日本青豆为主要配料	日本青豆
⑮以豆芽为主要配料	豆芽
⑯玉米小吃	玉米
⑰玉米淀粉	玉米
⑱爆米花	玉米
⑲冷藏玉米	玉米
⑳罐装或瓶装玉米	玉米
㉑以玉米面为主要配料	玉米
㉒以玉米渣为主要配料	玉米
㉓以玉米为主要配料	玉米
㉔以上述⑯～⑳项为主要配料	玉米
㉕冷藏马铃薯	马铃薯
㉖干马铃薯	马铃薯
㉗马铃薯淀粉	马铃薯
㉘马铃薯小吃	马铃薯
㉙以上述㉕～㉘项为主要配料	马铃薯
㉚以马铃薯为主要配料	马铃薯
㉛以苜蓿为主要配料	苜蓿
㉜以甜菜为主要配料	甜菜
㉝以木瓜为主要配料	木瓜

资料来源：全球农业信息网。

除了表 7-4 列出的 33 种食品外，日本还要求对高油酸大豆产品进行转基因标识（图 7-1 左），即使从该大豆品种中提取的油不含有或仅含有极微量的外源基因或蛋白质。

关于转基因木瓜，夏威夷木瓜产业协会自愿加贴转基因标识（图 7-1 右），这样既可以区分转基因和非转基因水果，还起到身份保持程序（IPP）的功能，省去了为每批货物准备身份溯源文件的麻烦。

图 7-1　转基因标识示例

值得注意的是，给转基因和非转基因木瓜加贴标识不仅是夏威夷木瓜行业的自愿行为，而且是夏威夷木瓜所独有的。因此，这种标识做法不适用于未来可能批准种植的其他转基因作物。在加工产品中使用非受控条件下配料已流行多年，在食品行业中建立了其"独特"的地位，无需要求加贴标识。表 7-5 为免于加贴转基因标识的加工产品。

表 7-5　免于加贴转基因标识的加工产品

转基因作物来源	加工产品	最终加工产品举例
玉　米	玉米油	加工海鲜、调味品、油
	玉米淀粉	冰激凌、巧克力、蛋糕、冷冻食品
	糊精	豆类小吃
	淀粉糖浆	糖果、熟豆、果冻、调味品、加工鱼类
	水合蛋白质	薯片
大　豆	豆瓣酱	调味品、米饼
	豆芽	添加剂
	人造黄油	零食、添加剂
	水合蛋白质	煮熟的鸡蛋、牛肉干、薯片
油菜籽	菜籽油	油炸小吃、巧克力、蛋黄酱
甜　菜	糖	各种加工产品

资料来源：全球农业信息网。

转基因作物配料因无需执行强制性标识要求，使用量日趋增加。据统计，日本前 10 大食品生产商销售的含转基因作物成分的加工产品的总销售额高达 5 万亿日元（约 40.6 亿美元）。产品涵盖各种加工食品，包括零食、冰激凌、苏打水、豆奶、植物油，以及即食食品。虽然大多数配料都经过深度加工，而且不含有引入基因（用于创造新性状转基因作物）的微量 DNA 或蛋白质，一些食品制造商仍在通过标识说明配料成分可能来源转基因作物。公众没有对转基因作物作出明确的正面反应，但负面反应（如联合抵制转基因作物）似乎在减弱，这可能是个信号，即公众已经被动接受了转基因作物配料的使用。

日本生活合作社联会（JCCU）是一家拥有 2 500 万名成员及销售额高达 3 460 亿日元（28 亿美元）的组织，该组织经常在其商店品牌中使用转基因/非受控条件下产品，而且在配料标识中作出说明。在其产品目录中，该组织解释了使用转基因配料的原因，重点说明了在生产加工过程中分离产品的难度。

　　与此同时，该组织还增加了使用转基因配料产品的供应数量，并且在没有法规条例要求加贴标识的情况下，将非受控条件标识贴在产品（如食用油）上。东海合作社是该组织在日本中部的一个分支机构，东海合作社覆盖 3 个县和 28 家零售店，每年营业额达 730 亿日元（5.95 亿美元），在产品目录中共享两类不同的菜籽油［非受控条件下菜籽油（基本上是转基因）和非转基因菜籽油］信息并自愿给非受控条件下产品加贴标识以满足消费者的知情需求。大多数加工食品的配料中（包括主要配料和/或次要配料）都含有非受控条件下配料。转基因配料标识的例子如图 7-2 和图 7-3 所示。

图 7-2　转基因配料标识举例

注：方框中的标记表示"产品主要配料（重量占比为 5% 或以上）可能是转基因或非受控条件下配料"。

图 7-3　日本消费者合作联盟的冷冻食品（鸡米饭）

注：下方的文字表示"玉米（非受控条件下转基因作物）"。

　　不适当、不准确或误导性食品标识的使用在日本是引起广泛关注的问题。例如，2008 年 12 月，农林水产省下令福冈的一家豆类贸易商停止在红芸豆和红小豆上使用非转基因标识。该标识被认为违反了《日本农业标准法》，因为日本目前没有商业化生产转基因红芸豆和红小豆。

（七）贸易壁垒

　　日本不存在阻碍向美国出口转基因产品的重大贸易壁垒。实际上，日本是世界上人均最大的转基因产品进口国之一。

（八）知识产权

日本通常提供强有力的知识产权保护和执法力度。日本的知识产权涵盖有关农作物基因工程的领域，包括但不限于基因、种子和品种名称。日本特许厅（JPO）是日本的知识产权主管机构。

（九）《卡塔赫纳生物安全议定书》的批准

日本于 2003 年 11 月批准了《卡塔赫纳生物安全议定书》，并颁布了《通过活体转基因生物使用法规保护和可持续利用生物多样性法》。

第十届生物多样性公约缔约方大会（COP10）和《卡塔赫纳生物安全议定书》第五届缔约方或成员国大会（MOP5）于 2010 年 10 月 11—29 日在日本名古屋举行。日本和其他七个国家或地区于 2011 年 5 月 11 日签署了《名古屋议定书》。

日本于 2012 年 3 月 2 日签署了《卡塔赫纳生物安全议定书名之古屋-吉隆坡责任和补充议定书》。该议定书要求 40 个国家或地区批准、接受、认可或加入才能使责任和补充（L&R）议定书生效。

日本出席了 2014 年 9 月 29 日至 10 月 17 日在韩国平昌郡举行的 COP12/MOP7 会议，会上对合成生物学进行了认真和实质性的讨论。印度尼西亚和玻利维亚等缔约方或成员国持保守态度，认为《卡塔赫纳生物安全议定书》要应用于利用合成生物学产生的活生物体，但其他一些国家或地区如欧盟、日本和巴西则认为，监管决策应由各缔约方或成员国制定，而不是由《生物多样性公约》制定。特设技术专家组将在 2016 年 11 月在墨西哥洛斯卡沃斯举行的 COP13 会议之前讨论这一议题，以设定相关基准。

（十）国际条约/论坛

2008 年 7 月，食品法典委员会通过了国际转基因粮食低水平混杂粮食安全评估指导准则，作为《粮食中重组 DNA 植物材料低水平混杂情况下的食品安全评估》的附录。通过主办会议和促进食品法典委员会成员之间的讨论，日本在该指导准则的制定过程中发挥了非常建设性的作用。然而，日本没有完全将这一国际公认的准则应用于本国的低水平混杂政策中。

日本在获取和利益共享（ABS）领域也很活跃。日本生物行业协会为该领域召开了研讨会并编制了指导准则。但领域逐渐转向关注医药行业。

（十一）相关问题

新育种技术（NBT）作为一个新的植物转化工具，其监管难度正日益引起关注。与许多国家一样，日本政府根据具体情况处理 NBT 产品。研究人员对新育种技术的研发采取相对保守和谨慎的态度。虽然一些 NBT 产品和/或方法不属于当前定义的"基因工程"，但是日本筑波大学基因研究中心于 2015 年 3 月 27 日宣布，他们将按照"转基因技术"来管理所有"基因编辑技术"，并准备向政府申请对新育种技术实验的监管权。

（十二）监测与检测

1. 环境监测　日本政府一直在监测自生植物，以评估转基因作物的环境释放对生物多样性的影响。2014 年 11 月 12 日，农林水产省发布了对油菜和大豆的调查总结（该报告涵盖日本 2013 财年在卸载油菜籽和大豆的港口附近进行的调查）。

通过对 14 个港口的 403 棵自生油菜分析，结果显示，126 棵油菜（占 31%）有耐除草剂转基因。他们还测试了芥菜型油菜（*Brassica juncea*）和白菜型油菜（*Brassica campestris L.*）（一种国内油菜），以确定是否存在交叉授粉所导致的基因漂流问题。在 880 棵芥菜型油菜和 190 棵白菜型油菜中，没有检测到外来基因，表明不存在交叉授粉导致的基因漂流问题。结果表明，在 4 个港口检测的 112

株自生大豆中，11 株大豆含有转基因。虽然大豆大多是自花授粉，他们还是测试了 15 株野生大豆（*Glycine soja*）（国内一种野生亲缘大豆品种），以检测交叉授粉情况。在野生大豆中没有发现转基因。

此外，农林水产省还调查了卸载玉米的 7 个港口及从港口到内陆加工厂的 3 条主要通道上溢出并自发生长的玉米。在 2013 年 8 月中旬到 10 月上旬进行的调查中，农林水产省观察到 7 个港口和 3 个运输通道都存在玉米溢出问题，但没有发现自发生长情况。调查结果显示，驯化作物很难在"野生"条件下自发生长。虽然需要进一步研究，日本不存在野生亲缘种与玉米有杂交能力的调查结果和事实可以证明，玉米的环境释放不大可能影响日本国内的生物多样性。

农林水产省还在冲绳县监测了未经批准而自发生长的转基因木瓜。2010 年 12 月，在冲绳县一家地方园艺店中销售的木瓜苗里检测出抗病毒木瓜。抗病毒木瓜与彩虹木瓜（55－1）是不同的品系，有关专家怀疑是中国台湾培育的抗 PRSV 木瓜品种。截至 2011 年底，农林水产省发现了在农场种植的 8 000 多棵未经批准的转基因木瓜树，其种植面积约占冲绳县木瓜种植总面积的 20%。另外，2012 年 2—9 月，农林水产省在冲绳县的路边、开放农田和花园中调查了 696 棵木瓜树，发现了 59 棵未经批准的转基因木瓜树。农林水产省在 2013 财年和 2014 财年继续监测，但是没有发现其他未经批准的转基因木瓜。转基因木瓜对日本生物多样性的影响很可能微乎其微，所以农林水产省决定在 2014 财年末结束对未批准转基因木瓜的监测。

日本作为《卡塔赫纳生物安全议定书》缔约方之一，监测并评估转基因作物环境释放对地区生物多样性的影响非常重要。然而，负面影响是公民（甚至是科学家）有时会误解在环境中寻找自生转基因植物的意义。在大多数情况下自然生长本身并不是最重要的，因为自生转基因植物在环境中不会构成风险。自生转基因植物的新基因能耐除草剂，但在自然环境中除草剂不会成为其选择压力。因此，自然生长的耐除草剂转基因油菜在自然环境中不会因基因工程获得任何存活优势，而且很有可能因与其他野生植物的竞争而被消除。考虑到大豆自花授粉特性及日本没有商业化种植转基因大豆的现状，其暴露可能性极小。培养公众的科学素养及对转基因技术的风险认知和遵守《卡塔赫纳生物安全议定书》的意义，对公众理解在该环境中寻找转基因植物的真正意义很有必要。

2. 粮食安全监测

（1）粮食中低水平混杂监测案例。日本对粮食和环境中存在未经批准的转基因成分采取零容忍政策，而且明确规定，凡进口未经批准的转基因衍生食品，不论其数量多少、以什么形式进口都是非法的。为此，未经批准的转基因作物的低水平混杂有可能中断与日本的农业贸易。自 20 世纪 90 年代以来，马铃薯（NewLeaf）、木瓜（55－1，"彩虹木瓜"）、玉米（StarLink，Bt10，E32）和水稻（LL-RICE601）都曾在某个时间点受到检测或隔离，或者被临时禁止过。截至 2014 年 7 月，因为日本确认未经批准的转基品种的混杂情况微不足道或低于检测限值，日本没有对美国的马铃薯、玉米或水稻进行检测。2013 年 5 月，在俄勒冈州发现未经日本批准的转基因小麦后，日本政府开始对从美国进口的小麦及其产品进行检测。小麦在日本是国家级贸易商品，所以农林水产省会在进口之前对小麦及其产品进行检测，而厚生劳动省在小麦及其产品抵达日本港口后实施监测。

为了确保合规，日本对进口货物和零售的加工食品都进行监测。作为进口粮食监测计划的一部分，港口检测由厚生劳动省直接实施，而地方卫生主管部门则负责零售加工食品的检测。所有检测均按厚生劳动省制定的采样和检测标准进行。如果在港口检测到转基因成分，货物必须再次出口或者销毁。如果在零售店检测到转基因成分，产品制造商必须立即召回产品。

截至 2015 年 6 月 29 日，厚生劳动省对以下产品进行监测：

——PRSV-YK，PRSV-SC 和 PRSV-HN（木瓜及其加工产品）；

——63Bt，NNBt，and CpTI（大米及以大米作为主要成分的加工产品）；

——RT73 *B. rapa*（油菜及其加工产品）；

——MON71800（美国小麦）。

除了 MON71800 外，监测计划中没有对进口国作出规定，因为厚生劳动省没有接收相关政府和利益相关方发出有关的信息。有消息显示，对木瓜（PRSV-YK 和 PRSV-SC）的监测主要是针对中国和泰国。大米的检测主要针对中国和越南。油菜籽检测主要是对加拿大出口的货物采样。自 2014 年 6 月以来，进口产品中共检测出 7 种未经批准的转基因食品——4 例木瓜加工产品（来自泰国或中国的冷冻或在糖浆中保存的木瓜产品）、3 例来自中国的大米。

（2）非转基因标识的"5％规则"检测。日本政府一直在用实时荧光定量 PCR（qPCR）检测法检测食品中的转基因成分。然而，在检测有多个启动子的单一转化体的特定区域时（如 35S 启动子、NOS 终止子），这可能不是最准确的方法。由于玉米复合性状转化体种植越来越广泛，所以人们越来越担心，进口到日本的非转基因玉米会被错误地检测和判断为"转基因"或"非受控条件下"玉米，因为现行的检测方法很容易使只含有微量复合性状转基因玉米中转基因含量超过 5％。

2009 年 11 月 12 日，厚生劳动省公布了检测非转基因散装谷物中转基因成分的新标准。该标准规定，先对进口谷物采用常规方法检测，确定散装样本中的转基因含量范围。如果常规方法检测已确定散装谷物中转基因谷物含量超过 5％，那么将采用单一谷粒进行新的检测。每次检测中取 90 颗谷粒，每一颗谷粒都将分别进行检测。这种新方法可以判断每一颗谷粒是否为转基因或非转基因谷粒，是单一转化体还是复合转化体。如果 90 颗谷粒中只有 2 颗及其以下是转基因品种，那么货物将被视为非转基因谷物，因为转基因成分的含量没有超过 5％；如果有 3 颗及其以上的谷粒是转基因品种，那么将重新取 90 颗谷物进行第 2 次单一谷物检测。如果 2 次检测结果中转基因谷粒不超过 9 颗（2 次检测的谷粒总和为 180 颗），那么这批货物将被视为非转基因谷物。如果第 1 次单一谷粒检验中转基因谷粒的数量为 10 颗及其以上（90 颗中的 10 颗），那么这批货物直接被判定为非受控条件下谷物或转基因谷物。如果第 1 次和第 2 次单一谷粒检验中转基因谷粒的数量为 10 颗及其以上（180 颗中的 10 颗），那么这批货物也被视为非受控条件下谷物或转基因谷物。

（十三）低水平混杂政策

1. 厚生劳动省的食品低水平混杂政策　2001 年，日本开始从法律上要求对转基因食品进行安全评估。安全评估按照《食品卫生法》第十一条规定进行。

第十一条：日本厚生劳动省大臣根据药品与食品卫生审议会的意见，从公众健康的角度出发，为用于食品或食品添加剂的制造、加工、使用、制备或保存食品制定的标准，或为用于食品或食品添加剂的成分制定的规范。

按照规范或标准，任何人不得采用不符合标准和规范的方法制造、加工、使用、制备或保存任何食品或食品添加剂。"

日本厚生劳动省对转基因低水平混杂采用零容忍政策，该政策是在日本厚生劳动省公告第一部分"食品"——章节 A "食品一般组成标准"予以确定和实施："如果食品是采用重组 DNA 技术生产的全部或一部分生物体，或者包含由重组 DNA 技术部分或完全生产的生物体，那么此种生物体应完成日本厚生劳动省制定的安全评估检验程序，并在政府公报中公布"。

对于来自美国的产品，目前正在对散装小麦中的 MON71800 执行厚生劳动省强制检测规定。

厚生劳动省已经取消了对低水平混杂的玉米品种（如 StarLink、Bt10 和 Event 32）及水稻品种 LLRICE601 的检测。2014 年 7 月，农林水产省作为水稻国家贸易机构也在其合同中取消了对 LLIRCE601 水稻的检测要求。

过去，日本对 LLP/AP 的检测一直集中在大宗产品（如玉米和水稻）及非日本公司生产的加工产品（如米线）上。未来，由于性状（品种）、作物和转基因作物开发商的数量在不断增加，日本和其他国家可能会被迫扩大检验范围。由于申请监管批准需要资源，出现非同步审批和/或缺少生产国之外的国家监管审批的现象可能会越来越多。全球食品生产商（包括日本企业）正在将生产设施和世界范围内的配料来源多样化。如果食品生产商拥有海外设施，测试所有配料就会越来越难，因为用于将 LLP/AP 事件告知利益相关方的信息系统可能不够透明和系统化，无法防止未经批准的转基因品种混入市场流通中。

2014 年 3 月 19—21 日，日本参加了联合国粮农组织在意大利罗马举行的低水平混杂政策研讨会。过去，日本政府合理处理了一些玉米低水平混杂案例，当时向技术提供商和美国政府提供了适当且充足的信息。然而，如果一些企业和政府监管资源有限的国家发生产品低水平混杂事件，就可能会出现不同情况。因此，从国际贸易的角度出发，执行低水平混杂法规需要逐案进行。根据日本之前发生的低水平混作事件及日本政府的处理情况，希望日本继续以切实的方式处理低水平混杂案件。

2. 农林水产省关于饲料粮中的低水平混杂政策　按照《饲料安全法》的规定，农林水产省负责在港口监测进口饲料成分的质量和安全。所有在日本用作饲料的转基因植物材料都必须获得农林水产省颁发的饲料安全许可证。但是，日本农林水产省设置了豁免，即对无意混杂饲料中、在其他国家获得批准、但未在日本获得批准的转基因产品，设定 1% 的阈值上限。为了申请这一豁免，出口国必须获得日本农林水产省大臣的认可，即该国拥有与日本相同的安全评估体系或者更严格的安全评估计划。在实践中，日本农林水产省将与重组 DNA 生物专家小组协商决定是否授予 1% 的阈值上限豁免。这一豁免政策自 2003 年起适用于美国。2014 年 12 月，日本农林水产省宣布这一豁免政策还将适用于澳大利亚、加拿大、巴西和欧盟。

2008 年 12 月 25 日，农林水产省发布了风险管理计划，以解决未经批准的转基因饲料中的低水平混杂问题。农林水产省认为，这个风险管理政策有助于防止低水平混杂事件的发生，但也为没有发生低水平混杂事件的情况制定了一些程序，即在不需要测试时提供终止测试要求的机制（如 StarLink）。

3. 环境省和农林水产省关于环境中的低水平混杂政策　日本的环境法规对未经批准的活体转基因生物也实行零容忍政策。这些法规专门针对种子，不用于环境释放的产品，如饲料。

4. 食品法典委员会支持低水平混杂政策　2008 年 7 月，国际食品法典委员会颁布了《国际转基因食品低水平混杂的食品安全评估准则》，作为《食品中重组 DNA 植物材料低水平混杂情况下的食品安全评估》的附录。然而，日本的低水平混杂政策并未完全遵守这一国际公认的标准，这在日本厚生劳动省的食品政策中尤为明显，因为国际食品法典委员会允许超出"零"容忍的标准。

三、市场营销

（一）市场接受度

尽管对转基因产品执行标识要求，日本仍然是世界人均进口转基因产品的第一大国。调查结果显示，日本对转基因食品的关注相对较高。例如，食品安全委员会在 2013 财年开展的年度调查表明，48% 的受访者表示，他们对转基因食品高度关注或有些关注。民意调查和实际消费之间的差异可能是消费者被动接受转基因产品的一个信号。有趣的是，食品安全委员会在 2014 年开展的最新调查显示，人们对转基因食品的担忧程度在 18 种影响食品安全的物质中最低，这些物质包括有毒微生物、农药残留、食品添加剂、霉菌毒素、从食品包装中洗脱出的化学物质、二噁英、镉等重金属、河豚和野蘑菇中的天然毒素等。这可能暗示着消费者逐渐了解转基因食品，或者媒体负面报道和消费者抵制运动减少发挥了作用，同时还与日本生活合作社联会成员接受含有转基因材料的食品产品有关。例如，当世界卫生组织的国际癌症研究组织宣布草甘膦〔最流行的除草剂（Roundup）中的活性成分〕被归类为"可能致癌的成分"（被科学界的大多数人否认）时，日本媒体对其报道非常少。

实际上，食品加工行业对转基因材料的接受度在过去几年里似乎都比较稳定。业内人士估计，40%～50% 的食用玉米是转基因或者非受控条件下玉米。根据日本法律，大多数属于转基因或非受控条件下食用玉米可以在不加贴标识的食品中使用（如淀粉、甜味剂等），但是非受控条件下食用玉米已得到更广泛的使用。

行业调查显示，实行转基因标识或提供相关信息使消费者对含有转基因成分的食品接受度有所增加。在了解转基因技术的益处之前，40％ 的受访者接受含有转基因成分的食品，而向公众提供转基因作物技术相关的"重要信息"后，接受含有转基因成分的食品的消费者比例增至 60％。提供给消费者的"重要信息"包括：只有通过严格科学审查的转基因产品才能上市销售；转基因作物种植 17 年里没有出现对健康不利的影响；日本用于食品和饲料的转基因产品消费量比国内水稻消费量更高；转基因作物在日本的食用油、玉米淀粉、甜味剂和饲料中广泛使用，而且有助于保障日本的食品安全。调查结果表明，针对农业生物技术对食品生产安全、环境保护和消费者益处的重要性进行持续风险交流，是提高消费者接受度的关键。

并不是所有的消费者都会完全相信科学信息并接受转基因食品，但积极主动采用转基因标识可能是提高消费者对转基因食品在市场接受程度的一种方法。

饲用玉米量约占日本玉米消费量的 66％，几乎所有饲用玉米都含有转基因成分（2014 年，美国种植的玉米 93％ 是转基因玉米）。采用非转基因饲料的乳业市场对非转基因饲料玉米的需求有限。

（二）公共机构/私营机构的意见

日本的审批对于美国农民很重要。从非常现实的意义上说，日本监管决策可以极大的影响美国农民采用生产技术产品。此外，出口到日本的货物中如果发现未经批准的转基因成分，则会导致增加额外的成本高昂的出口检验费，甚至贸易中断。为了解决这个问题，生物技术工业组织（BIO，主要由生物技术研发者组成）呼吁在美国商业化种植转基因作物之前要先获得日本批准。

2008 年之前，食品制造商一直避免用转基因作物生产食品，因为要求在产品加贴转基因或非受控条件下标识。在 2008 年谷物价格出现上涨后，一些企业，包括日本生活合作社联会，开始采用更便宜的非身份保持产品（非受控条件下产品），这些产品大多为转基因产品。日本生活合作社联会甚至开始自愿为产品加贴标识，尽管日本并未提出相关的法律要求。自那以后，拥有 2 500 万名成员的日本生活合作社联会组织内并未发生任何重大的公众抵制运动。这可能是个积极的迹象，表明日本市场具有接受转基因产品的灵活性。

此外，一些消费者组织仍然拒绝转基因配料。"无转基因运动"组织向日本四大啤酒厂和一家主要生产酱油的制造商询问了使用"转基因配料"的情况。该组织曾要求日本"好事多"超市不要经营彩虹木瓜；因为发生了未经批准的转基因小麦事件，他们要求面粉厂协会、农林水产省和厚生劳动省不要接受美国小麦。

第三部分　动物生物技术

一、生产和贸易

（一）产品开发

大部分动物遗传转化研究目的都集中在人类医学和药物上。与植物生物技术相似，动物生物技术研究主要由高校和政府/公共研究机构进行，日本私营机构参与的程度很有限，私营机构不参与的部分原因似乎与公众对现代生物技术的负面反应有关，尤其是在动物遗传转化方面。

尽管如此，转基因蚕在日本已比较接近商业化应用阶段。日本国家农业生物科学研究所（NIAS）于1994年启动了蚕基因组研究计划（SGP）。蚕丝蛋白质已经在手术中用作粘接纤维。这项研究将把蚕丝的应用扩大到医学材料，如人造皮肤、隐形眼镜等。2010年11月16日，该研究所与群马县政府、免疫生物实验室有限公司（IBL）联合实施的一项合作研究项目，尝试培育世界上首例转基因蚕——修饰转基因蚕用来生产蛋白质A，这种蛋白质可用作医用诊断剂。此后，群马县至少有6位农民饲养了转基因蚕。家蚕是由野桑蚕（*Bombyx mandarina*）驯化而来的，其繁殖和饲养完全依赖于人。因此，就意外释放到环境的风险管理而言，影响生物多样性和环境安全的可能性实际上为零。

2015年5月25日，农林水产省宣布了批准用转基因蚕生产绿色荧光丝。群马县养蚕技术中心（群马县的一家地方研究中心）与当地农民合作养了21万只转基因蚕，用以生产绿色荧光丝。他们计划在2015年10月收获蚕丝。

自2011年世界上首次用转基因蚕生产人纤维蛋白原之后，免疫生物实验室公司扩大了其产品范围，包括用转基因蚕生产人体胶原蛋白。免疫生物实验室公司的全资子公司Neosilk于2013年6月13日开始销售含有转基因蚕生产的人体胶原蛋白的化妆品。

2014年5月2日，日本首次批准了在开放环境下饲养转基因动物的申请。农林水产省批准了国家农业生物科学研究所申请的第一类用途（用于运输、种植、食品和饲料）的转基因蚕，这种蚕能生产荧光蛋白质。第一类用途的批准只有在转基因品种被认为不会对生物多样性造成不利影响的情况下才能授予。

国家农业生物科学研究所还进行了转基因猪的研究。生产转基因猪的目的是研究人类医用器官移植肿瘤学，因为猪的新陈代谢和器官大小与人相似。

此外，日本对克隆动物的兴趣似乎有所消退。截至2014年12月19日，日本通过受精卵细胞克隆技术生产了623头奶牛，通过体细胞核移植（SCNT）生产了414头奶牛、559头猪和5只山羊。所有生产都是在公共研究机构完成的。自1999年对克隆动物的研究高峰以来，相关活动稳步减少。

（二）商业化生产

目前，日本没有商业化生产用于农业生产目的的转基因动物或克隆动物。

（三）进出口

无。

二、政策

（一）监管

转基因植物采用的法规将同样适用于转基因家畜的商业化。由于日本在2003年批准了《卡塔赫纳生物安全议定书》，日本农林水产省颁布的《通过活体转基因生物使用法规保护和可持续利用生物多样性的法规》将适用于转基因动物的生产或环境释放。在日本厚生劳动省的监管下，《食品卫生法》将涵盖转基因动物的食品安全方面。

（二）标识和可追溯性

转基因动物的标识要求与转基因植物相同。对于克隆动物产品而言，日本有一个特定的标识要求，即要求克隆动物产品要贴上克隆产品标识。

（三）贸易壁垒

截至 2015 年没有。

（四）知识产权

与植物相同。

（五）国际条约/论坛

日本于 2003 年批准了《卡塔赫纳生物安全议定书》，要求用转基因技术培育的动物也必须按该法规处理。

三、市场营销

（一）市场接受度

家畜生物技术领域没有大的市场营销活动。

（二）公共机构/私营机构的意见

日本没有商业化销售转基因家畜。然而，正如在转基因粮食作物所观察到的，美国海外农业局日本站期望公众对转基因畜产品和克隆畜产品的舆论是保守和/或消极的。

韩国农业生物技术年报

报告要点：自 2014 年以来，美国一直是韩国最大的饲料粮供应国。虽然有些扩大转基因标识的提案仍待国民大会批准，但是韩国食品药品安全部（MFDS）于 2015 年初公布了其计划，将强制性转基因标识扩大到所有含有可检测转基因成分的产品。食品药品安全部将于 2015 年修订现行的标识标准，修订细节尚未公布。国家生态研究所已取代了国家环境研究所，成为负责评估自然生态体系风险的机构。

第一部分 执行概要

韩国高度依赖进口粮食（水稻除外）和饲料粮。由于消费者对生物技术的消极情绪，韩国只有少数食品是由转基因配料制成，而大部分饲料都是转基因玉米和大豆粕制成的。除 2013 年外，美国一直是韩国的头号粮食出口国，原因是美国在 2012 年遭遇到严重干旱后，供应量非常有限。2014 年和 2015 年，美国重新获得了韩国头号供应国的地位。

转基因粮食和转基因动物的进口受《活体转基因生物（LMO）法》约束和管理。2012 年 12 月，韩国贸易工业能源部（MOTIE）宣布对 LMO 法进行第一次修订，修订实施条例并定义复合性状。虽然做了修订，但条例仍未从根本上将转基因粮食、饲料和加工用产品（FFP）与转基因种子区分开来，没有消除冗余的风险评估流程，而且没有对偶然存在作出可行性定义。贸易工业能源部还于 2014 年修订了执行法令、执行条例和联合通知。虽然修订后的执行条例中出现了一些积极的变化，但冗长的咨询审核过程及数据要求过多的问题仍然没有完全解决。

由于韩国食品行业关注这些问题，食品药品安全部早先于 2008 年公布的提案及立法者于 2013 年提交给国民大会的有关将转基因标识范围扩大到非检测产品的三项法案草案仍悬而未决。2015 年初，食品药品安全部公布了将转基因标识范围扩大到所有含有可检测转基因成分的食品的计划。在当前的体系下，含有五大转基因成分之外的产品不需要加贴转基因标识。食品药品安全部采用这一计划承担了非政府组织的极大压力，这些非政府组织要求对含有转基因成分的所有食品（可检测和不可检测的产品）执行强制转基因标识，食品药品安全部还没有发布该计划的进一步细节。韩国食品行业表示持续关注扩大标识范围的问题，认为扩大标识范围可以结束误导消费者、限制市场上的产品选择，并且增加生产成本。食品行业继续对食品药品安全部施压，要求其撤销扩大标识范围的计划。

虽然转基因食品的敏感性依然存在，但消费者对其非农业利用，如药物治疗，表示非常支持。获得当地农民对采用和积极利用转基因技术的支持是增强消费者对转基因食品和畜产品信心的关键。

2015 年 5 月，韩国农村发展管理局（RDA）发布了"下一代生物绿色 21 项目"一期的成果，该项目旨在开发基础技术并将其商业化。2011—2014 年，RDA 总共投资了 2 714 亿韩元（约 2.36 亿美元），解码了 9 个项目的基因组（包括辣椒和人参），培育出了抗炭疽病辣椒等产品。农村发展管理局表示要在 2020 年之前再投资 3 000 亿韩元（约 2.6 亿美元），对已经开发和准备开发的技术进行商业化。

科学技术信息通信部（MSIT）与未来规划部（MSIP）继续执行于 2013 年 7 月发布的《科技基本规划》，直到 2017 年。韩国政府要在 2016—2020 年投资 9.2 万亿韩元（约 80 亿美元）用于科技研发。科学技术信息通信部与未来规划部已经指定了 30 项关键技术和遗传资源技术来开发和商业化，增值生命科学资源。农业食品与农村事务部（MAFRA）还公布了农业技术推广中长期计划。在该计划中，开发生物材料和转化动物生产医药产品的技术被指定为农业食品与农村事务部着重促进的四个主要研究领域的子项目之一。

2014 年，农业食品与农村事务部计划投资总额为 8.93 亿美元的研发资金（比前年增长了 5.9%），以提升竞争力和创造未来新的经济增长引擎。农业食品与农村事务部在 2013 年公布农业技术推广中长期计划后，该部的投资将集中在 4 个主要领域：①加强全球竞争力；②创造新的增长引擎；③确保粮食的稳定供应；④提高公众幸福感。为了创造新增长引擎，农业食品与农村事务部、农村发展管理局将继续实施金种子项目、基因组研究及新生物材料开发。农业食品与农村事务部还资助了一个旨在稳定粮食供应、提高生产力和产品质量的研究项目，而且正在运用生物技术开发各种实用技术。

国家生态研究所（NIE）在 2015 年 2 月被指定为自然环境风险评估机构。国家生态研究所对用于环境补救的活体转基因生物进行风险评估。该所还对用于粮食、饲料和加工用途的活体转基因生物进行审核，以评估其对自然生态体系的影响，并监测进口的活体转基因生物在韩国的污染情况。

第二部分　植物生物技术

一、生产与贸易

（一）产品开发

转基因作物的开发目前由各政府机构、高校和私营实体牵头。研究重点主要集中在第二代和第三代性状方面，如耐旱和抗病、营养富集、转化技术和基因表达。农村发展管理局在 2014 年共批准了 347 个研究案例供其指定的评估实体和私营实体进行田间试验。

学术界专家和政府专家都忙于发表转基因作物的论文。例如，2009 年对地方科技期刊进行的一次调查发现，有 380 篇关于转基因作物的论文，这些论文在 1990—2007 年发表，其中有 99 篇关于烟草，45 篇关于水稻和 29 篇关于马铃薯。

农村发展管理局正在开发 17 个不同作物品种中的 180 个性状。这些作物包括：富含白藜芦醇水稻、富含维生素 A 水稻、抗虫水稻、抗环境应力水稻、抗病毒辣椒、富含维生素 E 豆类、抗虫豆类、耐除草剂的本特草，以及抗病毒马铃薯、大白菜、西瓜、甘薯和苹果。截至 2015 年，3 种作物的 6 个转化体（4 个水稻、1 个辣椒和 1 个包菜），以及花和本特草的 5 种性状的安全评估数据正在生成。一所地方高校在农村发展管理局的"下一代生物绿色 21 项目"里开发了一种抗除草剂的本特草，并于 2014 年 12 月提交农村发展管理局进行环境风险评估。富含白藜芦醇的水稻（白藜芦醇是一种能够预防心脏病的多酚抗氧化物）和抗病毒辣椒现在已经领先几步，农村发展管理局计划在 2015 年底提交富含白藜芦醇水稻的环境风险评估报告卷宗。

一个来自政府研究机构的团队研发了耐寒耐盐碱的转基因甘薯，用于沙漠或荒漠的治理。该机构声称成功地在中国库布齐沙漠和哈萨克斯坦的半干旱地区种植了这些转基因甘薯。2014 年，他们还与中国研究人员合作启动了甘薯基因组解码工作。

私营机构也在研究转基因作物。根据行业估算，截至 2015 年，正在开发的品种约 60 个，尽管大多数品种仍处于实验室阶段。一个值得注意的例外是抗病毒辣椒，这种辣椒的开发已经取得了进展，但研究人员显然仍在为生成环境风险评估的档案材料而苦苦努力。

虽然已经做了大量的研究工作，但进展最快的作物（最很有可能是耐除草剂的本特草或富含白藜芦醇的水稻）也需要 5 年时间才能够完成监管审批流程。商业化则需要更长的时间，而且完全取决于韩国农民首先认识到这种技术的好处并且采用这种技术。获得农民对积极利用这项技术的支持是提高消费者对转基因食品信心的关键。

（二）商业化生产

虽然做了大量投资，但韩国还没有商业化生产任何转基因作物。

（三）出口

韩国不出口任何转基因作物，因为韩国没有进行任何转基因作物的商业化生产。

（四）进口

韩国进口用于食品、饲料和加工的转基因作物，但不用于繁殖。美国是韩国市场最大的转基因粮食和油料供应国，但 2013 年除外，因为 2012 年的严重旱灾使得美国的粮食出口受到限制。2014—

2015 年美国再次成为韩国最大的转基因粮食供应国，其次是巴西和乌克兰。

2014 年，韩国进口了 1 020 万吨玉米，其中 820 万吨用于饲料，200 万吨用于加工从美国进口的玉米达到 540 万吨，或占总量的 53%。从美国进口的玉米有 440 万吨用于动物饲料，而且几乎都是转基因玉米。剩下的 100 万吨美国玉米用于加工，几乎 2/3 是转基因玉米。

进口的转基因加工玉米通常用于生产像高果糖玉米糖浆（HFCS）或玉米油等产品。两者都免于转基因标识要求，因为检测不到转基因蛋白质。虽然地方非政府组织和消费者群体不断施压，一些加工商仍继续使用转基因玉米，因为转基因玉米价格比较实惠，而且在国际市场上比常规玉米更容易获得安全感。同时，生产玉米粉、玉米渣和玉米片的加工商还从其他国际供应商进口身份保持认证（IP）的常规玉米。

2014 年，韩国进口了 130 万吨大豆，其中 3/4 用于粉碎。美国是韩国大豆的头号供应国，进口总量达 608 吨，占全部进口量的 47%。其中，377 092 吨用于粉碎，231 025 吨用于食品加工/发豆芽。

为了补充国内生产的大豆粕，韩国在 2014 年进口了 180 万吨大豆粕。美国是继巴西和中国之后的第三大供应国，进口量约达 189 000 吨，占总进口量的 11%。

大豆油可免于转基因标识要求，因为无法从中检测到修饰的蛋白质。用于食品加工的大豆通常用来生产豆腐、豆瓣酱、豆芽等产品，而且是经过 IP 处理过的非转基因豆类。

表 8-1 列出了活体转基因大豆和玉米的进口统计数。这些数据与前文中报告的数据略有不同，因为它是基于进口审批，而不是通关。然而，下表中的信息强化了这一点，即韩国进口了大量用于食品和饲料的活体转基因生物。

表 8-1　活体转基因大豆和玉米的进口统计数（千吨）

分　类		2011 年 进口量	2012 年 进口量	2013 年 进口量	2014 年 进口量	2015 年 1—5 月 进口量
大豆	食品（压榨）美国	294	418	242	445	157
	非美国	556	479	487	576	296
	合计	850	897	729	1 021	453
玉米	食品 美国	920	42	57	706	249
	非美国	105	1 094	861	556	144
	合计	1 025	1 052	918	1 262	393
	饲料 美国	5 076	2 375	196	4 337	1 606
	非美国	771	3 404	6 853	4 020	1 854
	合计	5 847	5 779	7 049	8 357	3 460
油料	饲料 美国	52	33	27	79	65
	非美国	78	113	120	102	20
	合计	130	146	147	181	85

资料来源：韩国生物安全信息交换所。

统计数据基于进口审批，只涵盖转基因粮食和油料。

表 8-2 强调了转基因粮食和常规粮食之间的价格差异。

表 8-2   2008 年用于粮食的美国原产活体转基因生物和非活体转基因生物的平均价格差异（美元/吨）

作物	活体转基因生物	非活体转基因生物	价格差
玉米	329	386	57（17.3%）
大豆	564	768	204（36.2%）

（五）粮食援助

韩国不是粮食援助接受国。

二、政策

（一）监管框架

韩国于 2007 年 10 月 2 日批准了《卡塔赫纳生物安全议定书》。2008 年 1 月 1 日，韩国实施了《活体转基因生物法》，该法是议定书的实施立法，也是管辖韩国生物技术相关法规和规则的整体法律。

《活体转基因生物法》在实施前就已经有了相当长历史。贸易工业与能源部［MOTIE，前身是知识经济部（MKE）］于 2001 年初率先起草了该法及其基本法规。经过多年和数次重复后，贸易工业与能源部于 2005 年 9 月公布了征求公众意见草案。虽然该法案的文本和较低级法规在 6 个月后的 2006 年 3 月才最终确定，但是这些法规直到 2008 年 1 月 1 日才开始实施。经过多次尝试后，《活体转基因生物法》最终于 2012 年 12 月修订，包括修订了复合性状的定义。然而，总体而言，该法律没有解决美国协商审核的冗余问题，而且在《活体转基因生物法》中对用于食品、饲料及其他加工产品的条例和用于繁殖的条例没有作区分。修订的法律于 2013 年 12 月 12 日生效。

（二）政府各部的职责

贸易工业与能源部（MOTIE）：负责实施《卡塔赫纳生物安全议定书》《活体转基因生物法》，以及与工业用活体转基因生物的开发、生产、进出口、销售、运输和存储有关的问题。

外交部（MOFA）：《卡塔赫纳生物安全议定书》的国家联络点。

农业食品与农村事务部（MAFRA）：负责与农业/林业/畜牧业活体转基因生物进出口有关的事务。

农村发展管理局（由农业食品与农村事务部监督）：负责转基因作物环境风险评估、活体转基因生物的环境风险咨询、转基因作物的主要开发者。

动植物与渔业检疫检验局（QIA）（由农业食品与农村事务部监督）：负责在入境口岸对农用活体转基因生物进行进口检验。

国家农产品质量局（NAQS）（由农业食品与农村事务部监督）：负责饲用活体转基因生物的进口审批。

海洋渔业部（MOF）：负责与海洋活体转基因生物贸易有关的事务，包括活体转基因生物的风险评估。

国家渔业研究所（NFRDI）（由海洋渔业部监督）：负责水产品的进口审批及活体转基因生物的海洋环境风险评估。

卫生福利部（MHW）：负责卫生和医药用途的活体转基因生物的进/出口事务，包括活体转基因生物对人类的风险评估。

韩国疾病防控中心（KCDC）（由卫生福利部监督）：负责活体转基因生物对人类的风险评估。

食品药品安全部（MFDS）（由韩国总理办公室监督）：负责用于食品、医药和医疗设备的活体转基因生物的进/出口事务、生物技术作物的粮食安全审批，以及对含有转基因成分的非加工产品和加工食产品执行标识要求。

环境部（MOE）：负责与环境补救或释放到自然环境的活体转基因生物贸易的有关问题，包括活体转基因生物的风险评估，但不包括用于种植的农业活体转基因生物。

国家生态研究所（NIE）（由环境部监督）：负责活体转基因生物的进口审批和活体转基因生物环境风险评估。

科学和信息通信技术与未来规划部（MSIP）：负责与试验和研究有关的活体转基因生物的贸易问题，包括活体转基因生物的风险评估。

（三）生物安全委员会的职责、成员及其政治意义

按照《活体转基因生物法》第三十一条的规定，韩国总理办公室于2008年设立了生物安全委员会，后按照2012年12月11日颁布的《活体转基因生物法》修订案的规定，该委员会移交给贸易工业与能源部管辖。该委员会的主席从韩国总理转变为贸易工业与能源部长，此举并不是为了降低委员会的地位，而是为了实现委员会的高效率运转。委员会审核下列与活体转基因生物进出口有关的因素：

（1）与实施议定书有关的因素；

（2）制定和实施活体转基因生物安全管理计划；

（3）按照第十八条和第二十二条的规定重新审核未获进口许可申请人的申诉；

（4）与活体转基因生物的安全管理、进/出口等有关的立法和通知相关的因素；

（5）与预防活体转基因生物引起的危害有关的因素，以及为减轻活体转基因生物引起的危害所采取的措施；

（6）委员会主席或国家主管部门负责人审核所需的因素；

生物安全委员会由15~20名成员组成，由韩国贸易工业和能源部长担任生物安全委员会主席，成员包括上述7个相关部门和规划与财政部（MOPF）的副部长。私营机构的专家也可以作为委员会的成员。委员会可以设立亚委员会和技术委员会。

生物安全委员会最重要的职责是协调相关部门的不同立场。因为每个相关部委在各自领域都拥有主管部门和职责，在有些问题上可能不易达成一致。这种情况下，担任委员会主席的贸易工业与能源部长可以解决缺乏共识的问题。生物安全委员会举行会议的频率尚不确定，总体而言较低。2014年12月举行的最后一次会议是通过文件传阅的方式进行的，而非面对面的会谈。

与农业生物技术有关的监管决定受到政治因素的影响，主要是来自声势浩大的反转基因非政府组织。其中，一些反对生物技术的非政府组织被任命为政府食品安全与生物技术风险评估委员会成员，他们利用这种身份作为对政府施压的手段，要求政府推出更加严格的生物技术法规。3次修订《食品卫生法》以扩大转基因标识范围的草案就是最好的政治影响事例。

（四）审批

无论是在国内种植还是从国外进口的转基因作物，均需要进行食品安全评估和环境风险评估（ERA）。值得注意的是，环境风险评估有时被称做饲料审批，但是审核的重点放在其对环境的影响，而不是对动物健康的影响。

多家不同机构参与了整个评估过程。农村发展管理局通过环境风险评估批准了饲料粮中的新品种。作为环境评估的一部分，农村发展管理局与3家机构进行了协商，包括国家生态研究所、国家渔业研究所和韩国疾病防控中心。同时，食品药品安全部对含有转基因成分的粮食进行安全评估。该部负责审核流程，包括与农村发展管理局、国家生态研究所和国家渔业研究所的协商。

审核机构之间的重叠（尤其是食品药品安全部和韩国疾病防控中心之间）及冗余的数据要求导致

了审批流程的混淆和不必要的延误。虽然持续要求通过联合通知简化当前的审批流程、改进冗长且重复的审批流程，但是 2014 年 7 月 30 日颁布的联合通知修订版未能解决这些问题。

食品药品安全部有三类审批：完全批准和二类有条件批准。完全批准授予商业化生产并且进口用于人类消费的转基因作物；有条件审批适用于已经停止种植或不能商业种植供人类消费的作物。

截至 2014 年 7 月，食品药品安全部对 166 项申请中的 151 个品种（包括食品添加剂和微生物）授予了食品安全许可。同时，农村发展管理局对于 144 项申请中的 113 个品种授予了饲料用途许可。有关获准品种的全部清单见附录 4。

虽然没有产品获准在韩国进行商业化生产，但是农村发展管理局资助的一所地方大学在 2008 年向农村发展管理局提出申请，要求农村发展管理局批准种植用于景观美化的转基因草。最初的申请由于数据不充分而遭到拒绝，后来于 2010 年 10 月又重新提交了要求的数据。申请者于 2012 年再次撤回申请并修改，于 2014 年末提交了新的申请。截至 2015 年，农村发展管理局还在审核该申请。

（五）田间试验

2014 年，农村发展管理局授权对 330 个品种进行封闭式田间试验。从 2015 年 1—5 月，总共批准了 269 个田间试验。许多获批的田间试验都有抗逆性状。农村发展管理局每年都更新田间试验许可清单。田间试验的最大份额是具有多种不同性状的水稻，如抗逆、增强营养品质和抗虫。另外，辣椒、豆类、包菜和牧草的田间试验也在进行中。

根据联合通知，即《活体转基因生物法》的实施条例规定用作种子的进口活体转基因生物必须在国内进行田间试验。对用于食品、饲料和其他加工产品的活体转基因生物，农村发展管理局将审核出口国提供的田间试验数据。如果有必要，农村发展管理局可以要求用于食品、饲料和其他加工产品的活体转基因生物在国内进行田间试验。

农村发展管理局正在开发的转基因作物必须进行田间试验，而且必须遵循《与农业研究有关的重组生物的研究与处理指南》。私营实体（包括高校）开发的转基因作物应坚持卫生福利部颁布的《重组生物研究指南》的自愿指南。联合通知还包括地方转基因开发商和实验室在研发过程中必须遵守的指南。

（六）复合性状的审批

食品药品安全部不要求对符合以下标准的复合性状进行全面的安全评估：
（1）正在合并的性状已经单独获得了批准；
（2）复合品种和常规品种中的指定性状、摄入量、可食用部分及加工方法没有差异；
（3）亚种之间没有杂交。
2007 年 12 月发布的联合通知包括复合性状的环境风险评估规定。以下文件需要提交给农村发展管理局：
（1）验证嵌入亲本品系的核酸里是否存在性状相互作用的信息；
（2）有关复合性状特性的可用信息；
（3）以上 1～2 项的评估；
（4）开发商确认用于复合性状的亲本材料已获得批准，以及同意审核已经提交的亲本材料信息。
在农村发展管理局审核提交的文件中，如果发现在亲本插入的核酸里的性状存在相互作用，或者发现了其他差异，那么，农村发展管理局将要求进行环境风险评估。否则，就不要进行全面的环境风险评估。

韩国通过以作物为基础的信息而非中间转化体信息审核多性状复合品种。这意味着，中间转化体不需要接受审核，除非它们被商业化。

复合性状的审批流程正在成为令人关注的理由。农村发展管理局和食品药品安全部允许在韩国批准了所有单个亲本材料后提交其复合性状的材料。考虑到提交的复合性状材料所需要的审批时间（最短 4—6 个月，最长 1 年），开发商不得不推迟美国农业部批准的复合性状的商业化，直到韩国完成审批。

（七）额外要求

对用于食品、饲料或加工用途的生物技术作物，批准后不需要进行额外注册。然而，对用于繁殖的活体转基因生物，应完成作为种子的审批流程。

（八）共存性

如上所述，韩国还没有种植转基因作物。因此，监管机构还没有制定共存政策，随着有机作物生产逐年增长，这无疑是有争议的。

（九）标识

随着 2013 年韩国政府在新一届政府的框架下进行重组，未加工的转基因农产品的标识权力由农业食品与农村事务部移交到食品药品安全部。食品药品安全部负责为未加工和加工产品制定转基因标识指南并且在市场上执行该指南。

用作人类消费的未加工转基因作物和某些含有转基因成分的加工食品必须加贴转基因食品标识。实行转基因标识是保障消费者的知情权。但是，因为公众情绪通常倾向于反转基因，所以市场上出售的产品很少贴有转基因标识。

就加工产品而言，包括直接消费的农产品，食品药品安全部要求对 27 类食品标上转基因标识，取消了只对"含量最高的 5 种成分"进行标签的限制，对含有可检测转基因成分的所有产品都要求加贴转基因标识。其中，食用油和糖浆继续享有强制性转基因标识豁免权。然而，非政府组织和消费者团体仍在要求食品药品安全部扩大标识范围，试图将食用油和糖浆都包含进来。

2008 年，在针对美国牛肉的烛光抗议活动中，消费者团体得知韩国的一些玉米加工商因为常规玉米供应短缺及国际粮食价格上涨而打算引入转基因玉米后异常愤怒，要联合抵制用转基因玉米制造的产品。因此，21 家大公司联合声明，他们不会在其产品中使用转基因玉米。

食品药品安全部还受到了来自外部团体要求扩大标识要求的压力。2008 年 10 月，其为应对这些压力，草拟了扩大其标识要求的草案，将不可检测的产品也纳入标识要求范围内，包括用转基因作物生产的大豆油和高果糖玉米糖浆。

2013 年，立法者向国民大会提交了与《食品卫生法》有关的三项法案草案，要求扩大转基因标识范围。新一届政府确定的四大社会弊端之一就是食品安全问题。立法者提交了法案草案以回应支持扩大转基因标识的地方非政府组织。此外，2013 年在美国俄勒冈州发现的转基因小麦加剧了地方反转基因运动，这些团体开始要求韩国政府扩大转基因标识要求。一个名为"公民经济正义联盟（CCCE）"的民间组织于 2013 年组建了消费者正义中心。该联盟是批评韩国经济结构问题并要求经济改革呼声最高的非政府组织之一。消费者正义中心由前农业部部长领导，其目标是以消费者知情权为由要求扩大转基因标识范围。该中心组织了多次会议商讨标识问题，并不断给食品药品安全部施压，要求扩大标识要求。该中心还请求食品药品安全部提供使用转基因粮食的食品生产商的名称及其使用转基因粮食的数量。食品药品安全部以保密信息为由拒绝了该请求。该中心声称，他们会将食品药品安全部送上法庭，因为消费者有权知晓此类信息。

食品行业担心转基因标识扩展提案最终会误导消费者、限制市场上的产品选择及增加生产成本。例如，如果实施了该提案，食品生产商就不愿意用这些配料开发食品，超市也不愿销售贴有转基因标识的产品，担心会失去销售市场。食品行业还担心，因为缺乏可科学验证的措施，可能会有声称是非转基因作物制成而实际上是用转基因作物制成的食用油和糖浆，可能存在虚假标识或伪造文件的问题。国内食品行业正在要求食品药品安全部推迟实施扩大标识的要求，直到有科学的方法能够检测转基因成分含量或建立能够防止虚假标识产品进入韩国的制度体系。

在食品药品安全部于 2015 年 1 月 26 日发布的全年计划中，食品药品安全部表示，计划将转基因标识扩大到含有可检测转基因成分的任何食品。按照现行的法规体系，只要求食品中"含量最高的 5 种成分"一种或多种是转基因材料才需要贴上转基因标识。食品药品安全部将取消"含量最高的 5 种成分"的限制，将开始要求含有可检测的任何转基因配料的产品都要加贴转基因标识。这似乎是该部在应对非政府组织要求对任何用转基因配料（可检测和不可检测的产品）制成的所有食品贴上转基因标识的极端压力而采取的一种妥协。因为将转基因标识扩大到不可测产品会给行业造成重大影响，食品药品安全部可能保留不要求对不可检测的产品进行转基因标识的政策，但将强制性标识扩大到含有不属于前五大配料的可检测转基因配料的食品。根据这一计划，食用油和糖浆将继续免于执行强制性转基因标识。食品药品安全部还没有发布该计划的细节。

2007 年 4 月，韩国农林渔业食品局（MIFAFF）修订了其饲料手册，要求零售包装的动物饲料产品在含有转基因成分的情况下要加贴转基因标识。该标识要求于 2007 年 10 月 11 日开始执行。由于几乎所有动物饲料产品都含有转基因成分，都必须遵守标识要求，所以没有报告问题。

1. 散装粮食的转基因标识要求

（1）供食用的完全为非加工的转基因作物构成的商品必须加贴"转基因商品"（如"转基因大豆"）标识；

（2）部分含有转基因作物的商品须加贴标识，说明该产品含有转基因商品（如"含有转基因大豆"）；

（3）可能含有转基因作物的货物须加贴标识，说明该产品"可能含有转基因商品"（如"可能含有转基因大豆"）。

2. 加工产品的转基因标识要求

（1）含有转基因玉米或大豆的产品（产品配料含量低于100％）必须加贴"转基因食品"或"食品含有转基因玉米或大豆"标识；

（2）可能含有转基因玉米或大豆的产品必须加贴"可能含有转基因玉米或大豆"标识；

（3）100％转基因产品构成的玉米或大豆必须加贴"转基因"或"转基因玉米或大豆"标识。

（十）无意混杂

韩国允许在未加工的非转基因产品（如常规食品级大豆）中有高达 3％获批转基因成分的无意混杂，这些产品携有身份保持认证或政府证明。原料中 3％转基因成分的容忍度是受转基因标识要求限制的加工食品的默认阈值。

转基因配料的有意混杂要执行标识要求，即使最终的转基因存在水平在 3％的阈值内。在 3％阈值内的粮食和加工食品需要提交完整的身份保持认证或出口国政府证明，才能免于执行转基因标识要求（表 8-3）。

表 8-3　转基因成分的无意混杂和转基因标识

项目	上限	标识
含有无意混杂的转基因成分的常规散装粮食货物		
有身份保持认证或政府证明	3％	免于加贴转基因标识
没有身份保持认证或政府证明	0％	应加贴转基因标识
含有无意混杂的转基因成分的加工产品		
有身份保持认证或政府证明	3％	免于加贴转基因标识
没有身份保持认证或政府证明	0％	应加贴转基因标识

（续）

项目	上限	标识
含有有意混杂的转基因成分（前五大配料）的加工产品		
有身份保持认证或政府证明	3%	免于加贴转基因标识
没有身份保持认证或政府证明	0%	应加贴转基因标识
含有有意或无意混杂的转基因成分的加工产品（前五大配料之外）		
免于转基因标识要求，无需进一步提交证明材料		
不含有外来 DNA 的加工产品，如糖浆、油类、酒精类和加工助剂		
免于转基因标识要求，无需进一步提交证明材料		

不含生物技术成分（Biotech-Free）、不含转基因成分（GMO-Free）、非生物技术产品（Non-Biotech）、非转基因产品（Non-GMO）的标识使用：只有经检测后不含任何转基因成分的产品，才允许使用上述非转基因产品（Non-GMO）标识，因为韩国执行的是"零容忍"标准，任何经检测呈转基因阳性的产品都违反了该类标识的使用标准。对于本来就没有任何商业化的转基因产品，食品药品安全部不建议对这些常规商品使用非转基因（Non-GMO）或不含转基因成分（GMO-Free）标识，以防止这类标识的滥用。

进口商必须保存支持其非转基因声明的相关文件，文件可以包括食品药品安全部认可的转基因检测实验室颁发的检测证明，证明其不存在转基因成分。

（十一）贸易壁垒

1. LLRice 水稻　2013 年，食品药品安全部停止了对来源于美国的水稻货物进行强制性地到港检测，检测其是否含有 LLRice 成分。该强制性检测是从 2006 年开始执行，要求每年从美国进口的水稻货物中抽取 1/4 进行 LLRice 检测。从 2014 年开始，由美国进口的水稻只需提供由美国谷物检验、批发及畜牧场管理局（GIPSA）水平测试计划认定的实验室出具的非转基因证明。

2. MON71800 小麦事件　自 2013 年 5 月在美国俄勒冈州发现转基因小麦（MON71800）后，食品药品安全部开始对原产于美国的小麦或面粉实施强制检测，以确定其不含转基因小麦。2014 年 8 月，食品药品安全部改变了这一要求，要求源自同一出口商或包装厂的同类小麦货物必须连续出三次清洁检测结果。农业食品农村事务部在俄勒冈州发现转基因小麦之前对进口饲用小麦已经进行了几年的测试；发现转基因小麦后，该部又扩大了对美国小麦的采样范围以测试转基因小麦的存在情况。截至 2015 年韩国政府进行的检验结果都呈阴性。

3. 美国玉米 MIR162 的检测　食品药品安全部对美国玉米进行检测以确认不含有 MIR162 玉米品种。白玉米、甜玉米、蜡质玉米和爆米花被排除在检测要求范围之外。

4. 美国原产木瓜和木瓜产品　食品药品安全部不允许进口美国原产木瓜和其制成的产品，因为美国生产的转基因木瓜尚未被该部批准供人类消费。

5. 批准　对用于食品、饲料和其他加工产品的活体转基因生物的风险评估流程日益关注。特别是，风险评估流程的一些方面都是多余的、前所未有的，而且偶尔缺乏科学依据。这个烦冗的磋商流程有时很慢，导致新品种的最终审批被延误。

6. 有机物　韩国对加工有机产品中意外存在转基因成分仍然持零容忍政策。虽然预计韩国可能会在为 2014 年 1 月 1 日开始实施的农业食品与农村事务部新的加工有机产品认证计划制定法规时改变这一政策，但是该部在其最终法规中通过了食品药品安全部的零容忍政策。凡检测的转基因生物呈阳性的任何有机产品都必须从产品标识中删掉有机声明，国家农产品质量管理局会调查此案是否存在蓄意违法行为。

7. 扩大标识　如上所述，立法者提交的将转基因标识扩大到不可检测的产品的停滞提案和多项修订案草案可能存在很大问题，因此仍在观察名单上。

（十二）知识产权

韩国没有商业化种植转基因作物。知识产权受到现行国内法规的保护。

（十三）《卡塔赫纳议定书》的批准

韩国于 2007 年 10 月 2 日批准了《卡塔赫纳生物安全议定书（CPB）》，并于 2008 年 1 月 1 日实施了《活体转基因生物法》，即实施该议定书的立法。《活体转基因生物法》的第一次修订版于 2012 年 12 月发布，修订过的《活体转基因生物法》于 2013 年 12 月 12 日生效。贸易工业与能源部也修订了其实施条例，以便与 2013 年 12 月修订的法案和 2014 年 7 月公布的联合通知相一致。虽然做了修订，但为了改进审批流程，该部未能完全解决与美国政府多年来存在的协商审核冗长问题。

为了解决国内行业和外国贸易伙伴对现行法规中的"确实包含"原则的问题，贸易工业与能源部于 2013 年 4 月 30 日修订了《活体转基因生物法》中用于食品、饲料和其他加工产品的有关进口审批申请的案例，这是《活体转基因生物法》执行条例的一部分。修订条例明确规定了用于食品、饲料和其他加工产品的活体转基因生物"可能含有"的原则，因此消除了出口商和进口商对法规中的原则与行业实践之间差距的担忧。韩国允许并将继续允许出口商在商业发票上简单提供批准供韩国使用的所有转基因品种清单，出口商可以简单复制同样的清单并粘贴到进口申请表中。

（十四）国际条约/论坛

韩国积极参与食品法典委员会、国际植物保护公约、国际动物卫生组织、亚太经合组织和其他相关会议。韩国在其安全评估指南中倾向松散地执行食品法典委员会法规。

（十五）监测和检测

环境部国家环境研究所（NIER）于 2012 年开始监测韩国进口活体转基因生物的污染情况，该研究所在全国范围内收集并检测了 626 个玉米、大豆、油菜籽和棉花样品。在这些样品中，42 个玉米、油菜籽和棉花样品被确定为活体转基因生物。国家环境研究所证实，活体转基因生物都是由进口用于食品、饲料和其他加工产品的改性活生物繁殖而成，它们是在韩国境内运输期间意外释放的。该研究所在 2013 年继续监测此污染情况。自 2014 年以来，国家生态研究所（NIE）取代了国家环境研究所，作为指定的自然环境风险评估机构，继续监测韩国环境中进口活体转基因生物的污染情况。

（十六）低水平混杂政策

韩国没有低水平混杂政策，而是运用"偶然存在"这个词来执行强制标识，并且允许未经许可的活体转基因生物含有高达 0.5% 的非活体转基因生物货物的成分。

三、市场营销

在韩国市场上存在着对生物技术的矛盾观点。公众对生物技术用于人和动物研究、生物医药及疾病治疗持积极态度，而对用该技术生产食品的态度则是消极的。

四、公共机构/私营机构的意见

消费者对用生物技术生产食品比较敏感，总体上的态度也是消极的，因此他们愿意为非转基因食品支付更高的费用。直言不讳的非政府组织和广播媒体倾向于强化这种负面形象，诋毁用转基因作物制成的食品为"转基因食品（franken food）"。

2013 年在美国俄勒冈州发现转基因小麦令韩国消费者和媒体感到惊恐，这一事件被认为是美国转基因生产管理不善。这一发现给名为"公民经济正义联盟（CCCE）"的民间组织提供了动力，他们以消费者知情权为由要求扩大转基因标识的范围。该联盟举行了多次会议，辩论扩大标识范围的事宜，并且不断向国民大会和食品药品安全部施压，要求其扩大标识要求范围。为了解决消费者和终端用户提出的问题，韩国面粉生产厂协会临时暂停购买美国生产的小麦约一个月，直到食品药品安全部公布从美国进口的小麦和面粉中的转基因小麦的第二次检测结果。鉴于此，许多地方食品生产商很不愿意使用转基因配料。事实上，在 2008 年发生的牛肉抗议运动后，21 家大型食品企业集团（包括多家跨国公司）以宣称自己的产品不含有转基因成分为一种营销策略。地方零售商同样不愿意销售贴有转基因标识的食品，因为他们不希望把不让销售的产品放在货架上，并且不可避免地引起公众的监督。

然而，韩国进口大量的转基因食品配料，用于进一步加工植物油、玉米糖浆和目前免除转基因食品标识要求的其他产品。大众似乎并不了解这一情况。

五、市场研究

（一）消费者群体调查

2008 年 7 月，韩国消费者联盟对国民大会议员进行了一次调查，以衡量立法者对生物技术的认知程度。调查显示，执政的保守大国家党（GNP）比反对的民主党（DP）更加青睐该技术。总体而言，两党对生物技术的看法都相当消极。

超过一半的立法者对食用转基因食品感到担忧，超过 75％的立法者认为食用油应该加贴转基因标识。这些调查结果似乎不合时宜，因为超过 60％的立法者都知道韩国监管机构对用于食品和饲料的每一种转基因作物在进入该国之前都要进行安全评估。

虽然消费者明显不愿意食用转基因作物，但是调查结果显示，议员们很少担忧地方上开发的转基因作物。大约 7％的大国家党议员和 24％的民主党议员认为韩国应该停止开发转基因作物。值得注意的是该发现表明，提高消费者对转基因食品信心的关键之一在于韩国转基因作物的开发和商业化。如上所述，虽然目前正在研究开发韩国首个转基因作物，但是即使在最有利的情况下，还需要几年的时间才能够实现其商业化。

（二）韩国生物安全信息交换所调查

2014 年 11 月，韩国生物安全信息交换所（KBCH）对全国 600 名消费者进行了第 7 次年度调查，以评估公众对生物技术的看法。

调查结果显示，消费者的认知水平持续居高不下，但消费者对生物技术的安全性依然忧心忡忡。超过 4.48％的受访者认为生物技术有利于人类，而 37.3％和 14.5％的受访者分别持中立态度和认为其没有益处。超过 64％的受访者认为生物技术对治疗癌症一类的疾病是有益的，超过 19％的受访者认为其可能有助于解决食品短缺问题。在回答没有益处的人群中，51％的受访者质疑生物技术对人类的安全性，超过 37％的受访者认为用于制造食品的生物技术是违背自然的。

生物安全信息交换所的调查再次确认，消费者更希望生物技术在农业以外领域使用。超过 83％和 81％的受访者分别支持生物技术在医疗领域和生物能源领域使用，而 31％的受访者支持在畜牧业中使用，40％的受访者支持生物技术在食品和农产品里使用。

关于消费者的接受度，只有 28.8％的受访者认为活体转基因生物会被社会很好地接受。超过 37％的受访者认为韩国有必要种植转基因作物，23％的受访者认为可在国内生产转基因动物。大约 20％的受访者认为韩国有必要进口外国生产的活体转基因生物。大约 87％和 82％的受访者分别赞成对转基因产品使用标识和对转基因产品实行严格进口控制。

大约21%的受访者对活体转基因生物比较关注。然而，59.9%的受访者是因为担心活体转基因生物的安全性而关注。受访者获取的活体转基因生物信息绝大多数来自电视，其次是网络新闻。

2008年11月，韩国生物安全信息交换所对全国具有不同背景的1 082名研究人员进行了一次调查，以衡量学术界对生物技术的看法。调查结果显示，大约44%的受访者非常了解活体转基因生物；超过69%的受访者认为转基因生物是活体转基因生物最认可的词汇；85%的受访者认为活体转基因生物可能会有助于人类生活的发展。调查还表明，研究人员对活体转基因生物用于医药比用于食物更为积极。

第三部分　动物生物技术

一、产品开发

韩国正在积极使用基因工程来开发生产新的生物医药、生物器官等产品的动物。韩国也在运用克隆技术扩大高产动物的数量，以生产生物医药材料和生物器官。研究工作目前由各个政府机构和包括学术界在内的私营机构牵头。

2010 年，农林渔业食品局发布了韩国生命科学行业未来增长引擎的总体规划。生物医药是韩国正在投入大量资源的领域之一。农村发展管理局于 2011 年 5 月 19 日启动的下一代"生物绿色 21"项目也将重点开发的生物医药和生物器官作为三大领域之一。

农村发展管理局国家动物科学研究所（NIAS）正致力于用生物技术开发新的生物材料（如生物器官）、确保动物遗传资源的多样性、开发高附加值畜牧产品、运用畜牧资源开发可再生能源，目标是到 2105 年成为世界级畜牧技术国家。国家动物科学研究所正在研究开发 2 种动物的 16 种不同性状：猪的 11 种性状和母鸡的 5 种性状。这些性状旨在用来生产高价值蛋白质和抗病毒物质，生产能够治疗贫血、血友病和血栓物质的猪，以及能够生产乳铁蛋白和抗氧化物质鸡蛋的母鸡。国家动物科学研究所已经育出 2 头能够用来生产生物器官的迷你型移植小猪。农村发展管理局也正在用蚕研发 24 种不同的性状，旨在可以用来生产各种天然颜色的蚕丝及人用药品。2012 年，农村发展管理局成功将 1 头迷你型移植小猪的心脏和肾脏移植到 1 只猴子体内。作为 2014 年的后续研究，农村发展管理局成功将 1 只名叫 GalT KO＋MCP 的移植小猪的心脏移植到一只猴子体内，该猪具有抑制过度排斥和急性血管排斥反应的基因。然而，所有这些研究仍处于开发阶段，虽然已经做出了巨大的努力，但还没有达到风险评估阶段。截至 2015 年，农村发展管理局尚没有开发用于食用的转基因动物或克隆动物的任何计划。

科学信息通信技术与未来规划部于 2013 年 7 月宣布，他们要在 2013—2017 年投资 9.2 万亿韩元（约 80 亿美元）用于科技研发。该部认定了要支持的 30 项重点技术，用遗传资源技术开发和商业化增值生命科学资源就是 30 个项目之一。该部将重点投资新生物医学的开发及干细胞和基因组研究。根据该部的投资计划，农业食品与农村事务部于 2013 年 7 月也发布了农业技术推广中长期计划。在该计划中，用开发生物材料和移植动物来生产药品的技术被确定为农业食品与农村事务部着重开展的四大主要研究领域下的子项目之一。这四大领域分别是：提升全球竞争力、创造新的经济增长引擎、确保粮食的稳定供应、提高公众幸福度。

在创造新的经济增长引擎的研究领域下，农业食品与农村事务部和农村发展管理局将继续用动物生物技术开发新生物材料。2013 年，来自韩国和美国多所大学的教授团队宣布，他们成功地繁育出一头名叫"GI Blue"克隆迷你猪，该猪导致急性免疫排斥反应的基因被去除了。这是在不同物种中向开发生物器官和器官移植迈进的一步。

私营机构也在开发能够生产高价值蛋白质药品的转基因动物。2014 年，韩国忠北大学宣布，他们育出了具有能控制特定蛋白质表达时间性状的移植克隆猪。该技术使他们能够生产大量蛋白质来医治人。2012 年，一家制药公司宣布，他们生产了 14 头插入了人生长激素基因 hGH 的移植猪，这些猪生产出表达有 hGH 的奶。这是用 hGH 开发药品的第一步。其他研究人员正在开发能够生产乳铁蛋白和胰岛素的转基因牛、用于人类疾病研究的荧光狗、能产生治疗白血病物质的鸡，以及用于生产生物器官的迷你猪。

2015 年 7 月，来自韩国和中国高校的教授团队宣布，他们运用基因编辑技术创造出了肌肉含量高于普通猪的超级猪。该团队成功去除了体细胞内抑制肌肉生长的 MSTN 基因，运用带有编辑基因的核移植方法克隆了一些猪。该团队认为畜牧业可能会积极接受肌肉和蛋白质含量更高的猪肉。

（一）商业化生产

虽然韩国科学家在积极进行转基因动物研究，但韩国还没有商业化生产任何转基因动物。估计韩国何时才能进行商业化生产转基因动物现在还为时过早。韩国科学家不愿意参与研究转基因动物的食品用途，因为他们担心消费者对转基因动物肉的接受程度。

（二）生物技术出口

韩国不出口任何转基因动物，因为韩国没有商业化生产任何转基因动物。

（三）生物技术进口

韩国进口转基因老鼠和大肠杆菌用于研究。

二、政策

（一）条例

《活体转基因生物法》及其实施条例适用于转基因动物的开发和进口。用转基因动物生产的药物受《药品事务法》管辖。没有制定有关转基因动物管理的具体法规。

（二）标识和可追溯性

农业食品与农村事务部负责转基因动物的标识和审批，但是还没有制定任何条例。食品药品安全部负责按照转基因生物安全评估指南对人类食用的转基因动物食品和鱼类食品进行安全评估。

（三）贸易壁垒

没有发现贸易壁垒。

（四）知识产权

韩国没有商业化饲养转基因动物。知识产权受现行国内法规的保护。

（五）国际条约/论坛

没有与转基因动物特别相关的国际公约/论坛，但是韩国积极参加食品法典委员会、国际植物保护公约、国际动物卫生组织、亚太经合组织和其他相关会议。韩国试图在其安全评估指南中松散地执行食品法典委员会法规。

（六）市场接受度

在韩国市场，对生物技术总有一些矛盾的观点。公众对生物技术在人类和动物研究、生物医药和疾病治疗中的使用持积极态度，但他们对使用生物技术生产食品则持消极态度。

（七）公共机构/私营机构意见

许多韩国人认为，生物技术是韩国 21 世纪经济发展的一个重要前沿。支持者在使生物技术能够成为经济增长引擎并解决公众健康和环境问题方面取得了一些成功。韩国将继续扩大对生物材料、生物医学、基因治疗等领域的生物技术研究和开发的投资。

　　虽然韩国政府支持生物技术研究，但是韩国公众对通过生物技术生产的作物和粮食持负面看法。对于转基因动物的肉或食品，韩国公众会更加担忧。因此，政府用于生物技术研究的大部分资助都直接用于非农业项目，如生物医学、干细胞研究、克隆和基因治疗。一般来说，韩国人对非农业生物技术持积极态度，认为生物技术将会在国家经济发展中发挥重要作用。

南非农业生物技术年报 ⠿

报告要点：2014 年，南非的转基因作物种植面积为 290 万公顷，南非成为世界第九大转基因作物生产国，也是非洲最大的转基因作物生产国。2014 年南非批准释放了 3 个新型转基因品种，包括 2 个玉米复合品种。2014 年，南非发放了 25 个转基因作物田间试验或临床试验许可证，包括期待已久的转基因抗旱玉米许可证。非洲节水玉米项目（WEMA）预计最早于 2017 年在南非发布第一批抗虫耐旱的转基因复合性状玉米。南非仍然没有对转基因标识问题做出最终决定。

第一部分 执行概要

南非是农产品、渔业产品和林产品净出口国，2014 年的出口额达到 100 亿美元。荷兰（占出口量的 8%）、纳米比亚（占出口量的 7%）和英国（占出口量的 7%）是南非农产品、渔业产品和林产品出口的三大主要目的地。2014 年南非向美国出口了 3.02 亿美元的农产品、渔业产品和林产品，同比增长 4%，占南非农业出口总量的 3%。新鲜水果（5 400 万美元）、葡萄酒（5 100 万美元）和坚果（4 800 万美元）是南非出口到美国的主要商品。

南非农林渔产品进口的主要伙伴是斯威士兰（占进口量的 9%）、印度尼西亚（占进口量的 6%）、中国（占进口量的 5%）和阿根廷（占进口量的 5%）。2014 年，南非从美国的进口量下降了 10%，为 2.98 亿美元，占南非农林渔产品进口量的 4%。2014 年，坚果（2 300 万美元）、种植用种子（2 200 万美元）和小麦（1 800 万美元）是南非从美国进口的主要产品。

南非拥有以第一代生物技术和有效植物育种能力为基础的高度发达的商业农业产业。南非开展生物技术研发工作已有 30 多年，而且将继续作为非洲大陆生物技术领域的领导者。2014 年南非的转基因作物种植面积为 290 万公顷，南非成为世界上第九大转基因作物生产国，而且是非洲最大的转基因作物生产国。南非大多数农民都采用了植物生物技术并因此获益。2014 年南非转基因玉米种植面积约占南非转基因作物种植总面积的 79%，低于 2013 年的 83%，下降的原因是大豆种植面积增长了 37%。2014 年转基因大豆种植面积约占转基因作物种植总面积的 21%，转基因棉花种植面积不到转基因作物种植总面积的 1%。据估计，南非 87% 的玉米种植面积、90% 的大豆种植面积和全部棉花种植面积都是种的转基因种子。非洲节水玉米项目（WEMA）预计最早于 2017 年在南非发布第一批抗虫耐旱的转基因复合性状玉米。

目前，在南非商业化生产的所有转基因事件都是由美国开发的。但由于南非和美国转基因审批方面并不同步，美国的商业玉米不允许出口到南非。

南非制定了国家生物技术战略。该战略是一项政策框架，旨在为生物技术研究创造激励机制，促进生物技术蓬勃发展。该战略保障了严格的生物安全监管体系，该体系确保生物技术的使用方式对环境造成的破坏最小，同时解决了南非当务之急和实现了可持续发展目标。《1997 年转基因生物法》（GMO 法）是监管框架，可以使主管部门对涉及特定转基因产品活动可能引起的潜在风险进行基于科学的个案评估。GMO 法还要求申请人在申请转基因产品释放许可证之前要将提议释放的转基因产品告知公众。除了 GMO 法之外，生物技术还受环境和健康相关立法的监管。

南非新的《消费者权益保护法》已于 2011 年生效。新法案要求南非食品饮料行业的所有产品标识都要更改，以符合强制性转基因标识要求。然而，由于问题的模糊性和复杂性，以及食品链中利益相关方的强烈批评，贸易与产业部（DTI）决定任命工作组来解决标识法规的冲突和混乱问题。2014 年 7 月，南非举行了研讨会与利益相关方磋商，最终确定拟议的转基因标识的修订案。然而，新的转基因标识法规还没有颁布，其问题仍然存在。

第二部分　植物生物技术

一、生产与贸易

(一) 产品研发

1. 发放许可证　按照南非的《转基因生物法》，南非政府内设立由 7 个政府部门组成的执行委员会 (EC)。执行委员会负责审核按 GMO 法提交的所有转基因申请，并采取逐案审慎的方式，确保在环境安全和人与动物健康方面做出合理决策。执行委员会审核的申请大多数涉及转基因玉米、大豆和棉花，而且大多是对现有性状的修改和改进。执行委员会还评估涉及生物技术的疫苗试验申请。

近些年来，南非看到广大利益相关者和感兴趣方对转基因许可证申请提交的意见越来越多。这些组织包括学术机构、消费者论坛、商品组织、省级部门和其他代表支持或反对转基因运动的利益相关组织。

2014 年共发放了 402 个许可证，2013 年为 413 个，2012 年为 420 个。发放的大多数许可证为转基因作物进出口许可证（表 9 - 1）。进口商品主要集中在商业上获得批准的玉米、大豆和棉花上，涉及种植、封闭使用、用作食品和饲料等。此外，进口商品还包括在南非封闭使用的转基因 HIV 和结核病疫苗。发放的主要出口许可证包括转基因玉米和少量主要用于封闭使用和种植的转基因棉花及出口作为人和动物用商品的转基因玉米和大豆。2014 年，批准了 3 个供一般发放的品种，即先锋公司的具有耐除草剂和抗虫性状的玉米 TC1507×MON810 和 TC1507×MON810×NK603（表 9 - 2），以及 Intervet 公司的一种家禽疫苗 Innova×ILT。2013 年没有发放新产品，2012 年批准了一种供一般发放的复合品种，即先锋公司的 TC1507 玉米。2014 年，在完成了安全评估后还批准了 6 种商品的许可证。这些批准包括用于进口且可以用于食品、饲料和其他加工产品的玉米和大豆。

表 9 - 1　南非 2009 年以来发放的转基因许可证汇总（个）

许可证用途	2009 年	2010 年	2011 年	2012 年	2013 年	2014 年
出口	167	225	197	237	256	244
进口	150	128	131	154	124	120
试验	35	33	32	23	17	25
封闭使用	7	6	3	2	13	3
商品许可	0	0	24	3	3	6
一般发放	0	4	0	1	0	3
总计	359	396	387	420	413	402

表 9 - 2　2013—2014 年批准试验的转基因品种

公司	品种	农作物	性状
孟山都公司	MON87460	玉米	耐旱
孟山都公司	MON87460×MON89034	玉米	耐旱和抗虫
孟山都公司	MON87460×MON89034×NK603	玉米	耐除草剂和抗虫耐旱

（续）

公司	品种	农作物	性状
孟山都公司	MON87460×NK603	玉米	耐旱和抗虫
孟山都公司	MON87460×MON810	玉米	耐旱和抗虫
拜尔公司	Twinlink×GlyTol	棉花	耐除草剂和抗虫
拜尔公司	GlyTol×TwinLink×COT 102	棉花	耐除草剂和抗虫
先锋公司	TC1507×MON810	棉花	耐除草剂和抗虫
先锋公司	TC1507×MON810×NK603	玉米	耐除草剂和抗虫
先锋公司	PHP37046	玉米	抗虫
先锋公司	DP－32138－1	玉米	雄性育性花粉不育
先锋公司	PHP37050	玉米	耐除草剂和抗虫
先锋公司	TC1507×NK603	玉米	耐除草剂和抗虫
先锋公司	305423×40－3－2	大豆	改性油/脂肪酸耐除草剂
先锋公司	305423	大豆	改性油/脂肪酸耐除草剂
先锋公司	PHP36676	玉米	耐除草剂和抗虫
先锋公司	PHP36682	玉米	耐除草剂和抗虫
先锋公司	PHP34378	玉米	抗虫
先锋公司	PHP36827	玉米	抗虫
Wits 公司	ALVAC	疫苗	HIV
先正达公司	BT11×1507×GA21	玉米	耐除草剂和抗虫
先正达公司	BT11×MIR162×GA21	玉米	耐除草剂和抗虫
先正达公司	BT11×MIR162×1507×GA21	玉米	耐除草剂和抗虫
先正达公司	MON89034×1507×NK603	玉米	耐除草剂和抗虫

2014 年，共批准了 25 个田间试验或临床试验许可证，比 2013 年增加了 8 个。表 9-2 总结了 2013 年和 2014 年发放的试验许可证涉及的品种、性状、产品和公司（有关 2013 年之前批准试验品种的详细情况，见 2012 年生物技术粮食报告）。这些产品包括用于抗虫和/或耐除草剂评估的玉米、大豆和棉花，以及期待已久的抗旱玉米和 HIV 疫苗。

2. 葡萄 斯坦陵布什大学葡萄酒生物技术研究所（IWBT）是南非唯一一家专门研究葡萄生物学和葡萄酒微生物的研究机构，与南非的葡萄酒和鲜食葡萄行业合作密切。

该研究所的研究主题是了解与葡萄酒相关生物的生物学，包括葡萄、葡萄酒酵母和葡萄酒细菌的生态学、生理学、分子和细胞生物学，以促进可持续、对环境友好且具有成本效益的优质葡萄和葡萄酒生产。该研究所将继续整合生物学、化学、分子学和数据分析学的最新技术，以实现其研究目标。

具体的研究方案由三个计划构成。第一个计划着重较好地了解和开发与葡萄酒相关的微生物的生物多样性，了解酿酒酵母和非酿酒酵母的生理、细胞和分子特性，以及进行葡萄酒酵母菌株的遗传改良。第二个计划与乳酸和其他细菌有关，了解它们对葡萄酒代谢特性和改善乳酸发酵的影响。第三个计划的重点集中在葡萄品种的生理学、细胞和分子生物学及遗传改良。

葡萄酒是南非出口到美国的主要农产品之一，年出口额约 5 000 万美元。

3. 木薯 农业研究委员会（ARC）在 2012 年获授权批准淀粉增强木薯品种的田间试验。该作物的主要目的是生产工业用淀粉，以改善南非和该地区的就业和收入状况。美国国际开发署南非办事处在 2 年内为这项研究投入了 80 万美元，该研究初始研究重点是进一步开发和推广一种用于工业淀粉的转基因抗虫木薯品种。该项目由密歇根州立大学与国际农业研究磋商组织合作管理。

4. 甘蔗 南非甘蔗研究所（SASRI）的品种改良计划旨在开发加工商和种植者都满意的蔗糖含量高、高产、抗病虫害、农业经济和加工特性好的甘蔗品种。

该计划的研究项目中采用的现代生物技术方法包括：通过遗传修饰方法把耐旱性状导入甘蔗，克服甘蔗中的转基因沉默现象，解锁甘蔗中的抗病基因的遗传变异，通过转基因技术提高氮的使用效率，中长期保存具有重要战略意义的转基因种质，描述和分离甘蔗中具有耐咪唑烟酸能力的 ALS 变异基因，组织特定转基因表达。

5. 其他研究 南非持续对玉米、大豆和棉花进行研究，以评估抗虫性和/或耐除草剂性及期待已久的玉米耐旱性。农业研究委员会生物技术部专门从事蔬菜、观赏植物和本土作物的转基因研究。该部门已经确定并实施了多个研究项目，目的是开发更适合南非条件的新品种。

（二）商业化生产

1. 玉米 玉米是南非的主要大田作物，用于人类食用（主要是白玉米）和动物饲料（主要是黄玉米）。1997 年，南非批准了第一个转基因玉米品种（抗虫），自那以后，南非的转基因玉米种植面积就在稳步增长。表 9 - 3 显示了南非 2005—2006 至 2014—2015 生产年的转基因玉米种植情况。转基因玉米种植面积由 2005—2006 生产年约占玉米总种植面积的 27％增长到 2014—2015 生产年的约占 84％。在 2014—2015 生产年，转基因玉米的种植面积为 230 万公顷，其中单一抗虫品种约占 27％，耐除草剂品种约占 13％，复合性状品种（抗虫和耐除草剂）约占 60％（表 9 - 4）。2014—2015 生产年的白玉米种植面积约为 140 万公顷，其中转基因白玉米约占 84％（120 万公顷）。黄玉米种植面积约为 120 万公顷，其中转基因黄玉米约占 90％。

表 9 - 3　南非 2005—2006 至 2014—2015 生产年转基因玉米种植面积

生产年		种植面积/千公顷		
		白玉米	黄玉米	合计
2005—2006	总种植面积	1 033	567	1 600
	转基因玉米	281	175	456
	占总量比例	27％	30％	28％
2006—2007	总种植面积	1 625	927	2 552
	转基因玉米	851	528	1 379
	占总量比例	52％	56％	54％
2007—2008	总种植面积	1 737	1 062	2 799
	转基因玉米	975	588	1 563
	占总量比例	56％	55％	56％
2008—2009	总种植面积	1 489	939	2 428
	转基因玉米	1 046	642	1 688
	占总量比例	70％	68％	70％
2009—2010	总种植面积	1 720	1 023	2 742
	转基因玉米	1 212	666	1 879
	占总量比例	71％	65％	69％
2010—2011	总种植面积	1 418	954	2 372
	转基因玉米	1 007	696	1 704
	占总量比例	71％	73％	72％

（续）

生产年		种植面积/千公顷		
		白玉米	黄玉米	合计
2011—2012	总种植面积	1 536	1 063	2 699
	转基因玉米	1 126	747	1 873
	占总量比例	69%	70%	69%
2012—2013	总种植面积	1 617	1 164	2 781
	转基因玉米	1 316	1 055	2 371
	占总量比例	81%	91%	85%
2013—2014	总种植面积	1 580	1 139	2 719
	转基因玉米	1 323	1 041	2 364
	占总量比例	84%	91%	87%
2014—2015（估算）	总种植面积	1 448	1 205	2 653
	转基因玉米	1 210	1 085	2 295
	占总量比例	84%	90%	87%

资料来源：玉米信托组织支持的 FoodNCropBio。

表 9-4　南非 2005—2006 至 2014—2015 生产年来种植的具有不同性状的转基因玉米作物的百分比（%）

生产年	性状	白玉米	黄玉米	总计
2005—2006	抗虫	79	61	72
	耐除草剂	21	39	28
	复合性状	0	0	0
2006—2007	抗虫	84	72	80
	耐除草剂	16	28	20
	复合性状	0	0	0
2007—2008	抗虫	71	69	71
	耐除草剂	22	27	24
	复合性状	6	4	5
2008—2009	抗虫	66	63	64
	耐除草剂	17	18	17
	复合性状	19	19	19
2009—2010	抗虫	81	49	70
	耐除草剂	10	23	14
	复合性状	9	28	16
2010—2011	抗虫	50	39	46
	耐除草剂	9	21	13
	复合性状	41	41	41
2011—2012	抗虫	46	44	45
	耐除草剂	10	20	14
	复合性状	44	36	41
2012—2013	抗虫	36	34	35
	耐除草剂	9	24	16
	复合性状	55	42	49

（续）

生产年	性状	白玉米	黄玉米	总计
2013—2014	抗虫	31	26	29
	耐除草剂	13	23	17
	复合性状	56	51	54
2014—2015（估算）	抗虫	27	22	25
	耐除草剂	13	23	17
	复合性状	60	55	58

数据来源：美国农业部对外农业局南非部。

玉米生产的长期趋势表明，南非正在较少的土地面积上生产更多的玉米。这一趋势的主要原因是种植方法和措施更加高效和有效、玉米生产体系内的边际土地使用量较少、种子质量较好，以及生物技术的采用。图 9-1 显示了另外一个显著趋势，1990—2010 年南非的玉米平均单产几乎增长了一倍。迹象显示，未来将继续保持在较少面积上生产更多玉米这一趋势。

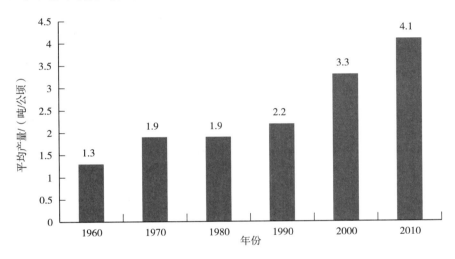

图 9-1 南非的平均玉米产量趋势

2. 大豆 南非 2014—2015 年度油料作物的种植面积创造了 130 万公顷的纪录，比 2013—2014 年度 120 万公顷的种植面积增长了 14%。油料作物种植面积增加的这一积极趋势（图 9-2）主要是

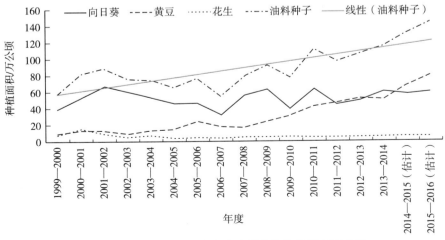

图 9-2 自 1999 年以来南非油料作物的种植面积趋势

大豆种植面积增加所致。在 2014—2015 年，大豆种植面积达到了创纪录的 68.73 万公顷，其中约 90％的大豆都是转基因大豆。南非于 2001 年首次批准了转基因大豆的商业化生产。到 2006 年，转基因大豆的种植已达 75％。南非种植大豆的面积在过去 10 年里增长了近 5 倍。许多南非种植者都认识到大豆在轮作制度（大豆与玉米轮作）中的价值，此外，用南非的转基因大豆品种进行大豆生产也相对容易一些。随着大豆生产能力的提高，迹象表明，大豆种植面积的上升趋势今后将会继续下去。由于大豆产量增加及其可取代豆粕进口粉，南非在 2015 年的过去几年里投入近 1 亿美元用于扩大大豆加工能力，因此，创造了约每年 120 万吨额外的油料作物加工能力，使南非当前油料作物的总加工能力估计每年达 220 万吨。

3. 棉花 Bt 棉花是非洲撒哈拉以南地区商业化种植的第一种转基因作物。最初的采用者是南非夸祖鲁-纳塔尔省马卡提尼公寓里的小农，他们自 1998 年以来一直种植这种作物。棉花种植面积从 2013—2014 生产年的 7 500 公顷增长到 2014—2015 生产年的 16 000 公顷。种植面积的增长主要是由于棉花价格的上涨。南非种植的所有棉花都是转基因棉花，复合性状品种占到棉花总种植面积的 95％以上。

（三）出口

南非是非洲的主要玉米出口国，主要销往其他非洲国家，包括白玉米和黄玉米。南非在 2014—2015 年度出口了 200 万吨玉米。其中，出口中国台湾 679 185 吨黄玉米、韩国 214 474 吨黄玉米和 3 875 吨白玉米、日本 198 197 吨黄玉米。其他玉米出口到南非的邻国，如博茨瓦纳、津巴布韦、莱索托、莫桑比克、斯威士兰和纳米比亚。

在 2015—2016 销售年度，由于旱情导致玉米减产，南非不得不进口 50 万吨玉米。然而，南非将继续向其邻国出口玉米，出口量预计达到 60 万吨。南非的油料贸易主要是油和蛋白粉的进口。在 2014—2015 年度，南非出口了少量油料作物，其中，大豆约 2 000 吨、葵花籽 2 000 吨，主要是出口到南非的邻国。由于当地的全部产品要供当地使用，所以预计 2015—2016 年度的大豆和葵花籽出口量将下降为零。

（四）进口

南非不是玉米的主要进口国，2014—2015 年度仅从阿根廷进口了约 65 250 吨玉米。然而，由于干旱，南非在 2015—2016 年度不得不进口约 50 万吨玉米和 10 万吨大豆。鉴于美国和巴西等国已经批准的转基因玉米品种在南非尚未批准，这些国家的进口玉米无权进入南非。南非原则上不反对这些品种，但是未经南非监管审批流程批准的任何转基因品种都不能进口。因此，如有需要，南非会从不生产转基因作物的国家（如赞比亚和欧洲的某些国家）进口玉米。

（五）粮食援助

南非不是粮食援助受援国，预计未来仍将是农产品净出口国。然而，运往莱索托、斯威士兰、赞比亚和津巴布韦的任何国际粮食援助货物通常都是通过南非的主要港口德班港。为了使货物能够通过南非，转基因生物注册办公室要求采取多项措施以便采取适当的控制措施，包括提前通知，以及要求受援国发函，说明其接受粮食援助托运，而且已知货物含有转基因产品。

二、政策

（一）监管框架

1. 历史背景 1979 年，南非政府建立了遗传工程委员会（SAGENE）。该委员会由一群南非科学家组成，委任为政府科学顾问机构，为转基因技术在食品、农业和医学中的应用铺平了道路，1989

年，根据该委员会的建议，南非首次在露天田间试验中进行了转基因实验。1994 年 1 月，就在南非第一次民主选举前的几个月，该委员会被赋予法律权力，就任何形式的有关进口和/或释放转基因产品的立法或控制，向部长、法定机构或政府机构提供建议。因此，该委员会拟定了《转基因生物法》。该法草案于 1996 年公布，以征求公众意见，并于 1997 年获得议会通过。然而，要在使该法生效的条例颁布以后，《转基因生物法》才能在 1999 年 12 月生效。在此过渡期间，该委员会继续担任转基因产品的主要"监管机构"，并在其支持下允许孟山都公司的转基因棉花和转基因玉米种子商业化。此外，还颁发了 178 个可在露天田间试验的转基因许可证。《转基因生物法》生效后，该委员会不再存在，由《转基因生物法（1997 年）》设立的执行委员会取代。

2.《转基因生物法（1997 年）》 《转基因生物法（1997 年）》及其相应的条例由南非农林渔业部管理。按照该法的规定，南非建立了一家决策机构（执行委员会）、一家顾问机构〔顾问委员会（AC）〕和一家行政机构（转基因生物登记局），目的是提供措施，促进负责任地开发、生产、使用和应用转基因产品；确保涉及使用转基因产品的所有活动都应以限制对环境、人和动物健康可能造成有害后果的方式进行；重视预防事故的发生及废物的有效管理；针对涉及使用转基因产品的活动导致的潜在风险的演变和减少，相互制定措施；制定风险评估的必要要求和标准；建立适当的程序，通报涉及使用转基因产品的具体活动。

2005 年，内阁对《转基因生物法（1997 年）》进行了修改，使之符合《卡塔赫纳生物安全议定书》的规定；2006 年再次修改，以解决一些经济和环境问题。《转基因生物法》修改后于 2007 年 4 月 17 日颁布，并在公报上公布，于 2010 年 2 月生效。一些规则公布后，修改后的《转基因生物法》没有更改原有的前言，该前言部分确立了立法的总体宗旨，即"要把生物安全纳入规则，以促进转基因发展"。

《转基因生物法》的修订案明确规定，基于科学的风险评估是决策的前提条件，而且授权执行委员会按照《国家环境管理法》确定是否需要进行环境影响评估。修订案还增加了具体的立法条例，允许将考虑的社会经济因素纳入决策，并使这些因素在决策过程显得非常重要。

修订案还新增了至少 8 条针对事故和意外跨境流动的规定。这些规定是因为发生在全球范围内的大量关于未经许可的转基因产品造成污染的事件而产生。其中"事件"分为两类：转基因产品的意外跨境流动和南非境内意外环境释放。

总之，《转基因生物法》及其修订案的存在和应用为南非提供了一个决策工具，使主管部门能够对关于转基因产品的任何活动可能导致的潜在风险进行科学的个案评估。

3. 执行委员会 执行委员会的职责是作为农林渔业部的顾问机构处理与转基因产品相关的事务，但更重要的是进行决策，批准或拒绝转基因产品的申请。执行委员会还有权增补任何在科学界的相关人士为执行委员会服务、提供建议。执行委员会由南非政府不同部门的代表构成。这些部门包括农林渔业部、水资源与环境事务部、卫生部、贸易工业部、科技部、劳动部、艺术文化部。

在作出关于转基因申请批准决定之前，执行委员会有义务与顾问委员会协商。顾问委员会通过其主席出席执行委员会会议。执行委员会的决策是在所有成员意见一致的基础上做出的，如果没有达成一致，提交给执行委员会的申请将视为被拒绝。因此，很重要的一点是执行委员会的所有成员都必须具有丰富的生物技术和生物安全知识。

4. 顾问委员会 顾问委员会由农林渔业部任命的 10 名科学家组成。顾问委员会的作用是向执行委员会提供批准转基因申请的建议。这些分委会成员具备不同学科的专业知识，一同负责评估与食品、饲料和环境影响有关的所有申请的风险评估，并且向执行委员会提交建议。

5. 登记局 由农林渔业部任命的登记局负责转基因生物法的日常管理。登记局按照执行委员会指示和条件行事。登记局还负责检查申请，以确保与转基因生物法一致，并且还负责发放许可证、修改和撤销许可证、保存登记簿，以及监督用于封闭使用和试验释放点的所有设施。

6.《国家环境管理生物多样性法》 制定《国家环境管理生物多样性法（2004 年）》《生物多样性

法》的目的是保护南非的生物多样性不受威胁，该法律也将转基因产品列为其中的一种威胁。如果发现转基因产品会对本地物种或环境造成威胁，该法律第 78 条授权环境事务部长有权否决按《转基因生物法》申请一般释放或试验释放的许可。

按照生物多样性法，南非建立了南非生物多样性研究所（SANBI）。该研究所负责监测并向环境事务部长定期报告已经释放到环境中的转基因产品的影响。该立法要求报告非目标生物和生态过程的影响、本土生物资源及用于农业的物种生物多样性。

7.《消费者权益保护法》　2004 年颁布的卫生法规总体上遵循了《食品法典委员会科学指南》。这些法规规定，只有存在过敏原或人/动物蛋白质的情况，以及在转基因食品产品与非转基因食品相同产品存在显著差异等情况下才能强制采用转基因食品标识。这些规则还要求验证转基因食品增强特征（如"更有营养"）声明。这些法规没有提到产品是无转基因的声明。

2009 年 4 月 24 日，南非总统签署了新的《消费者权益保护法》。但因为私营机构对诸多条款的依据和如何执行该法的不确定性提了很重要的意见，该法律的实施被延误了一段时间。实质上，新的《消费者权益保护法》是要求南非食品饮料行业的所有产品标识都必须更改。

2011 年 4 月 1 日，贸易与工业部在公报上公布了条例，将《消费者权益保护法》（第 68/2008 号法规）付诸实施。该条例将在《消费者权益保护法》启动后的 6 个月后生效（2011 年 10 月 1 日）。该法的主要目的是防止利用或伤害消费者，并促进消费者的社会福利。

然而，批准的《消费者权益保护法》规定，所有含有转基因材料的产品都必须加贴标识。生产、供应、进口或包装任何规定货物的任何人都必须以规定的方式和格式展示货物存在任何转基因成分的情况。

根据该法，转基因成分含量超过 5% 的所有产品，无论是南非生产的还是其他地方生产的，都要附上声明，以明显易读的方式和尺寸标明"含有至少 5% 的转基因生物"；转基因成分含量不到 5% 的产品可以加贴"转基因成分低于 5%"的标识；如果不能或不易检测到商品是否存在转基因成分，产品必须加贴"可能含有转基因成分"的标识；转基因成分低于 1% 的含量的产品，可以加贴"不含有转基因成分"的标识。

贸易与工业部认为转基因产品标识完全是消费者权益范围内的事，消费者有权获得影响对食品做出选择或购买决策的事实情况。

2012 年 5 月，南非商业联合会（BUSA）与《消费者权益保护法》的专员举行了一次会议，讨论当前与该法条例有关的问题。其目的是建立未来的对话与合作，以解决有关条例的一些限制问题，包括转基因标识。

南非商业联合会代表向专员提出了以下有关转基因标识问题：没有必要将转基因标识纳入《消费者权益保护法》，因为卫生部管理的《食品、化妆品和消毒剂法（1972 年）》（第 54 号法规）的第 R25 号条款已经涵盖了转基因标识；坚持当前转基因标识条例会增加食品成本以及对消费者和家庭食品安全造成的负面影响；现行条例称，转基因生物已在《转基因生物法（1997 年）》（第 15 号法规）第 1 部分作了定义。商业上批准的转基因生物有玉米、大豆和棉花。下游产品不可避免地被覆盖在内，因此现行条例可能不适用；条例含糊不清，构成解释挑战。各个行业都有程度不同的解释，试图寻求合规机制；截至 2015 年，南非只有少数几家实验室，这些实验室也承受不了每批产品从出农场大门开始整条消费链都要进行检测的压力。

专员承认有关现行转基因法规定义和解释的内在问题导致最终草案执行存在差距。因此，委员会一直与卫生、农林渔业、贸易与工业及科技等部门合作，共同制定更明智的转基因标识指南。随后任命工作组来解决标识法规的冲突和混乱问题。2014 年 7 月 25 日，与利益相关方举行了一次协商论坛研讨会，最终确定转基因标识的拟议修订案。然而，新的转基因标识法规还未颁布，问题依然存在。

（二）批准

表 9-5 列出了按照《转基因生物法（1997 年）》批准一般发放的所有转基因品种。这意味着这些品种可以用于商业种植、食品和/或饲料，而且允许这些品种进出口。截至 2015 年在南非可购的所有转基因品种都是美国开发的。这些品种涉及三种作物，即玉米、大豆和棉花。2014 年，批准了三个一般发放的新品种，即来自先锋公司的具有耐除草剂和抗虫性状的玉米品种 TC1507×MON810 和 TC1507×MON810×NK603，以及来自 Intervet 公司的家禽疫苗 Innovax ILT；2013 年，南非没有发放新的品种；2012 年，批准了一个供一般发放的复合品种，即来自先锋公司的玉米品种 TC1507。

表 9-5　南非批准一般释放的转基因品种

公司	品种	作物/产品	性状	批准年份
Intervet	Innovax ILT	家禽疫苗		2014
先锋公司	TC1507×MON810×NK603	玉米	抗虫 耐除草剂	2014
先锋公司	TC1507×MON810	玉米	抗虫 耐除草剂	2014
先锋公司	TC1507	玉米	抗虫 耐除草剂	2012
先正达公司	BT11×GA21	玉米	抗虫 耐除草剂	2010
先正达公司	GA21	玉米	耐除草剂	2010
孟山都公司	MON89034×NK603	玉米	抗虫 耐除草剂	2010
孟山都公司	MON89034	玉米	抗虫	2010
孟山都公司	Bollgard II×RR flex （MON15985×MON88913）	棉花	抗虫 耐除草剂	2007
孟山都公司	MON88913	棉花	耐除草剂	2007
孟山都公司	MON810×NK603	玉米	抗虫 耐除草剂	2007
孟山都公司	Bollgard RR	棉花	抗虫 耐除草剂	2005
孟山都公司	Bollgard II，line 15985	棉花	抗虫	2003
先正达公司	Bt11	玉米	抗虫	2003
孟山都公司	NK603	玉米	耐除草剂	2002
孟山都公司	GTS40-3-2	大豆	耐除草剂	2001
孟山都公司	RR lines 1445 & 1 698	棉花	耐除草剂	2000
孟山都公司	Line 531/Bollgard	棉花	抗虫	1997
孟山都公司	MON810/Yieldgard	玉米	抗虫	1997

表 9-6 显示了获得商品许可的转基因品种。这些品种涉及五种作物，即玉米、大豆、棉花、水稻和油菜。商品许可意味着允许进口这些品种用作食品和或饲料。2014 年，先正达和孟山都公司的新品种获得了商品许可。

表 9-6　获得商品许可的转基因品种

公司	品种	作物	性状	批准年份
先正达公司	SYHT0H2	大豆	耐除草剂	2014
先正达公司	BT11×59122×MIR604×TC1507×GA21	玉米	抗虫 耐除草剂	2014
先正达公司	BT11×MIR604×TC1507×5307×GA21	玉米	抗虫 耐除草剂	2014
先正达公司	BT11×MIR162×MIR604×TC1507×5307×GA21	玉米	抗虫 耐除草剂	2014
先正达公司	MIR162	玉米	抗虫	2014
孟山都公司	MON89034×MON88017	玉米	抗虫 耐除草剂	2014
孟山都公司	MON87701×MON89788	大豆	抗虫 耐除草剂	2013
孟山都公司	MON89788	大豆	耐除草剂	2013
陶氏农业科学	DAS-44406-6	大豆	耐除草剂	2013
陶氏农业科学	DAS-40278-9	玉米	耐除草剂	2012
巴斯夫	CV127	大豆	耐除草剂	2012
陶氏农业科学 孟山都公司	MON89034×TC1507×NK603	玉米	抗虫 耐除草剂	2012
先正达公司	MIR604	玉米	抗虫	2011
先正达公司	BT11×GA21	玉米	抗虫 耐除草剂	2011
先正达公司	BT11×MIR604	玉米	抗虫 耐除草剂	2011
先正达公司	MIR604×GA21	玉米	抗虫 耐除草剂	2011
先正达公司	BT11×MIR604×GA21	玉米	抗虫 耐除草剂	2011
先正达公司	BT11×MIR162×MIR604×GA21	玉米	抗虫 耐除草剂	2011
先正达公司	BT11×MIR162×GA21	玉米	抗虫 耐除草剂	2011
先正达公司	BT11×MIR162×TC1507×GA21	玉米	抗虫 耐除草剂	2011
先锋公司	TC1507×NK603	玉米	抗虫 耐除草剂	2011
先锋公司	59122	玉米	抗虫	2011
先锋公司	NK603×59122	玉米	抗虫 耐除草剂	2011
先锋公司	356043	大豆	耐除草剂	2011
先锋公司	305423	大豆	较高的油酸含量，耐除草剂	2011

（续）

公司	品种	作物	性状	批准年份
先锋公司	305423×40-3-2	大豆	较高的油酸含量，耐除草剂	2011
陶氏农业科学	TC1507×59122	玉米	抗虫 耐除草剂	2011
陶氏农业科学	TC1507×59122×NK603	玉米	抗虫 耐除草剂	2011
拜尔	LLRice62	水稻	耐除草剂	2011
拜尔	LLCotton25	棉花	耐除草剂	2011
孟山都公司	MON863	玉米	抗虫	2011
孟山都公司	MON863×MON810	玉米	抗虫	2011
孟山都公司	MON863×MON810×NK603	玉米	抗虫 耐除草剂	2011
孟山都公司	MON88017	玉米	抗虫	2011
孟山都公司	MON88017×MON810	玉米	抗虫	2011
陶氏农业科学和孟山都公司	MON89034×TC1507 MON88017×59122	玉米	抗虫 耐除草剂	2011
孟山都公司	MON810×NK603	玉米	抗虫 耐除草剂	2004
孟山都公司	MON810×GA21	玉米	抗虫 耐除草剂	2003
先锋公司良种	TC1507	玉米	抗虫 耐除草剂	2002
孟山都公司	NK603	玉米	耐除草剂	2002
孟山都公司	GA21	玉米	耐除草剂	2002
先正达公司	Bt11	玉米	抗虫	2002
艾格福	T25	玉米	耐除草剂	2001
先正达公司	Bt176	玉米	抗虫	2001
艾格福	Topas 19/2，Ms1Rf1，Ms1Rf2，Ms8Rf3	油料种子 油菜	耐除草剂	2001
艾格福	A2704-12	大豆	耐除草剂	2001

注：不包括在商品许可之前已经获得一般释放许可的品种。品种可以用于食品或饲料进口。

（三）田间试验

见表9-2。

（四）复合品种的审批

南非要求，复合了两种已批准性状（如耐除草剂和抗虫）的转基因品种要进行额外审批。该要求意味着，即使单个性状已经获得了批准，复合品种的审批流程也要从头开始申请。执行委员会在2012年第一次会议上重申，每个复合品种都必须按照《转基因生物法》的规定进行单独安全评估。截至2015年，南非已经批准全面发放8个（抗虫和耐除草剂）的复合品种，其中玉米6个、棉花2个。

（五）额外要求

在南非，转基因品种获准一般释放后就不需要再进行额外的品种注册。品种认证也是自愿的。

《植物改良法》中列出的特定品种、育种者或拥有者要求的品种除外。

（六）共存性

在南非，共存性一直不需要制定具体指南或条例。政府将获准的转基因大田作物的管理权交给农民。南非没有制定《国家有机物标准》。

（七）标识

南非在 2011 年 4 月 1 日生效的《消费者权益保护法》中规定的转基因产品强制标识要求暂停执行。由于这一议题的模糊性和复杂性，以及食品链中利益相关者的强烈批评，促使南非贸易与产业部（DTI）任命工作组来解决标识法规的冲突和混乱问题。2014 年 7 月 25 日，南非举行了一次研讨会，作为与利益相关方协商论坛，由工作组最后确定拟议的转基因标识修订案。然而，新的转基因标识条例尚未公布，问题依然存在。

因此，南非对转基因产品的唯一标识要求就是按《食品、化妆品和消毒剂法》执行。该法只是在某些情况下，包括在出现过敏原或人/动物蛋白质的时候，以及转基因食品与非转基因产品存在显著差异的时候，对转基因食品采用强制标识。该法还要求验证转基因食品的增强特征（如"更有营养"）的说明。该法没有提到产品是无转基因的说明。

（八）贸易壁垒

农林渔业部规定，只有按照《转基因生物法》批准的转基因品种才能进入南非。南非批准转基因植物的监管程序有时比供应国的监管程序更长。授权速度的差异导致出现下列状况，即产品获准在南非境外进行商业化使用，而在南非境内则没有获准。这些审批的不同步导致严重的贸易中断风险，因为南非对于食品和饲料中存在未经许可的（在南非）转基因品种的容忍度只有 1%。

（九）知识产权

因为南非签署了世界贸易组织《与贸易有关的知识产权协议》（TRIPS），南非的生物技术公司实际上遵循的是与美国相同的收费程序，即农民签署一年期的许可协议，技术费包含在每袋种子的价格中。这一政策应用在玉米和棉花上有效，因为农民每年都必须购买棉花和玉米的新种子。但该政策应用在大豆上相对困难一些，因为大豆是自花授粉，所以不需要每年购买种子，因而这一费用可能难以收取。这一问题不仅南非存在，其他国家也同样存在，主要是因为大豆本身的特点所致。

（十）《卡塔赫纳议定书》的批准

南非已经签署并批准了《卡塔赫纳生物安全议定书》。实施议定书的主要责任已由环境事务部转到农林渔业部。议定书的实施是循序渐进的，因此，农林渔业部也将分阶段实施该议定书，首先处理最重大的问题。在农林渔业部转基因监管办公室的领导下南非修改了《转基因生物法》，以遵守该议定书。

（十一）国际条约/论坛

南非是以下公约的签约国：《世界贸易组织卫生和植物检疫措施实施协议》（WTO-SPS）、食品法典委员会（Codex）、《联合国粮农组织国际植物保护公约》（IPPC）。作为 IPPC 的签约国，南非承诺，在国内和国际范围内实施共同的有效措施，防止传播植物虫害、推广虫害防治方法，以及制定必要的法律、技术和行政法规，以实现该公约的目标。

（十二）相关议题

没有发现与植物生物技术有关的其他议题。

（十三）监测和检测

在南非，获准的转基因产品都是通过《转基因生物法（1997年）》的许可体系进口的。该体系只适用于活体转基因生物，加工产品不在管辖范围内，除非认为其有影响健康的问题。然而，由于不能对转基因进口产品或非转基因进口产品进行常规转基因检测，不能确保不存在未经批准的品种。

（十四）低水平混杂政策

2013年9月19—20日，南非主办了多国年度低水平混杂会议，与会国包括巴西、澳大利亚、韩国、巴拉圭、加拿大、哥伦比亚、中国和美国。世界上开发和种植转基因作物的数量和复杂性每年都在增加。这种形势可能会增加全世界的异步和不对称审批的数量，从而会因商业渠道中未批准品种的低水平混杂而增加贸易中断的风险。因此，迫切需要解决低水平混杂问题导致的贸易风险，因为这会影响到全球的粮食安全。认识到有必要采取行动，有关国家的年度低水平混杂会议开始制定实用的方法对全球的低水平混杂问题进行管理，这种方法应以科学为基础，而且可预测、透明。

在会议上，南非重申，为了确保全球粮食保障，农业生产需要通过提高生产力来增产，生物技术将在这一方面发挥关键作用。他还强调了农产品国际贸易对全球粮食安全具有重要意义，各国政府和私营机构需要合作解决低水平混杂问题对贸易的影响。

南非对低水平混杂的规定仅为1%。如果产品碾磨过，或者以其他方式加工过，则通常不存在进口问题。

三、市场营销

（一）市场接受度

在生产方面，南非农民可分为两类，即规模化农民和小农/新兴农民。转基因产品对于这两类农民都有广泛的吸引力，估计87%的玉米、90%的大豆和所有棉花都为转基因品种。这两类农民都认识到，使用转基因品种，投入较少，产量普遍提高。小农农民还认为转基因品种比传统或常规杂交品种更易管理。在消费方面，南非每年使用约1 100万吨玉米，其中近一半（主要是白玉米）用于人类消费；黄玉米主要用于动物饲料。2000—2015年，食用玉米的商业需求量每年平均增长2%，饲用玉米的商业需求每年平均增长3%（图9-3）。预测今后对玉米的需求将会继续增加。

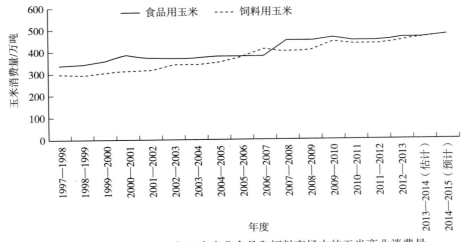

图9-3　自1997—1998年以来南非食品和饲料市场中的玉米商业消费量

（二）公共机构/私营机构的意见

科技部为了让公众了解转基因而组织的一次调查显示，大多数南非人没有生物技术常识。这一发现不足为奇，因为大多数南非人更加关心粮食价格，而不关心它们是如何生产的。有趣的是，虽然缺乏了解，但平均57％的南非人表示，生物技术的不同应用应该继续。虽然南非科学家都是非洲大陆生物技术的领导者，但是调查显示，"生物技术"一词对82％普通大众来说毫无意义。类似比例的人不了解遗传工程、遗传修饰和克隆的含义。研究人员做了一项调查，即以受访者选择的语言采访了7 000 人，这些人是南非成年人群体的代表。调查显示，即使在少数知晓生物技术的南非人中，大多数人仍然对生物技术漠不关心。

当被问及最信任谁讲述生物技术真相时，24％的受访者说大学，19％的人说媒体，16％人说政府。受访者甚至不大可能信任消费者组织、环保组织、宗教团体或生物技术行业。调查得出的结论认为，南非需要更好地进行生物技术知识的普及，以便让南非人更清楚地了解到生物技术是如何影响他们的生活的。

（三）市场营销研究

2010 年进行了第一次研究，研究了赞比亚、肯尼亚和南非在转基因品种上争论的差异；第二次研究则关注了南非消费者对转基因白玉米的认知及市场；第三次研究调查了南非转基因食品的监测情况。

第三部分　动物生物技术

　　动物生物技术也属于《转基因生物法（1997 年）》的范畴，任何申请都必须得到执行委员会的批准。然而，现阶段南非没有可审批的动物生物技术。农林渔业部生物安全局正在主动制定有关动物生物技术的风险评估框架。

附录 1

附表 1　印度现有生物技术监管部门的成员和职能

委员会	成　员	职　能
印度基因工程评估委员会（GEAC）：印度环境与林业部（MOEF）下属的职能部门	主席：印度环境与林业部长助理 联合主席：由生物技术局提名 成员：相关机构和部门代表，即工业发展部（MOID）、生物技术局、原子能部（DAE）代表 专家成员：印度农业研究理事会总干事，印度医学研究理事会（ICMR）总干事，印度科学与工业研究理事会总干事，卫生服务总干事，植物保护顾问，植物保护、检疫和存储主管，中央污染控制委员会主席，以个人身份加入的少数几个外部专家 成员秘书：印度环境与林业部官员	审查转基因产品的商业化应用，并提出建议；从环境安全的角度，批准涉及研究和工业生产中大规模使用转基因生物和重组体的活动；就转基因作物/产品相关的技术事宜征询遗传操作审查委员会的意见；批准转基因食品/饲料或其加工产品的进口；对违反《环境保护法（1986 年）》中转基因相关规定的行为采取处罚措施
遗传操作审查委员会（RCGM）：生物技术局（DBT）下属的职能部门	生物技术局、印度医学研究理事会、印度农业研究理事会、印度科学与工业研究理事会代表、以个人身份加入的其他专家	从生物安全角度，制定生物工程产品的研究和使用监管程序指南；在多点田间试验之前，负责监测和审查所有正在开展的转基因研究项目；对试验地点进行考察，确保采取充足的安全措施；为转基因研究项目所需的原材料进口发放许可证；审查向印度基因工程评估委员会提交的转基因产品进口申请；为转基因作物研究项目组建监测与评估委员会；就委员会关注的主题建立分委会
重组 DNA 顾问委员会（RDAC）：生物技术局（DBT）下属的职能部门	生物技术局及其他公共研究机构的科学家	关注国家和国际层面生物技术的进展；为转基因生物研究与应用的安全性编制指南；根据印度基因工程评估委员会的需求编制其他指南
监督评价委员会（MEC）	印度农业研究理事会、邦农业大学及其他农业/作物研究机构的专家，以及生物技术局代表	监测和评估试验地点，分析数据，检查设施，并就转基因作物/植物的安全性和农艺性状表现向遗传操作审查委员会/印度基因工程评估委员会提出审批建议
机构生物安全委员会（IBC）：研究机构/组织层面的职能部门	机构负责人、从事生物技术工作的科学家、医学专家及生物技术局被提名人	为转基因生物研究、使用和应用的监管流程指南编制手册，以确保环境安全；授权和监测多点田间试验阶段之前所有正在开展的转基因研究项目；授权用于研究目的的转基因生物的进口；与区和邦一级生物技术委员会进行协调
邦生物技术协调委员会（SBCC）：隶属于有生物技术研究的邦政府的职能部门	邦政府首席秘书，环境、卫生、农业、商业、森林、公共工程、公共卫生部门秘书，邦污染控制委员会主席，邦微生物学家和病理学家，其他专家	定期审查生物工程产品加工机构的安全和控制措施；开展检查，通过邦污染控制委员会或卫生局对违规行为采取处罚措施；为邦一级损失评估机构，如果转基因生物释放造成损害，负责评估整个邦内损失并现场采取控制措施
区级委员会（DLC）：区政府开展生物技术研究的职能部门	区级负责人，工厂检查员，污染控制委员会代表，首席医务官，区农业官员，公共卫生机构代表，区微生物学家/病理学家，市政公司专员，其他专家	监督研究和生产机构的安全管理；调查 rDNA 指南遵守情况，并向邦生物技术协调委员会或印度基因工程评估委员会报告违规行为；为区一级损失评估机构，如果转基因生物释放造成损害，负责评估区内损失并现场采取控制措施

资料来源：印度政府科技部生物技术局、印度环境与林业部。

附录 2

附表 2 印度转基因产品进口程序和申请表格式

项目	审批机构	管理法规	申请表编号
用于研发的转基因生物/转基因活生物体	IBSC/遗传操作审查委员会（RCGM）/印度国家植物遗传资源局（NBPGR）	1989 年《危险微生物/转基因生物或细胞的制造、使用、进出口和存储法规》，1990 年和 1998 年生物安全指南，印度国家植物遗传资源局（NBPGR）发布的 2004 年《印度进口植物检疫令》和 2004 年种质进口指南	GEAC 申请表 I
有意释放（包括田间试验）的转基因生物/转基因活生物体	IBSC/遗传操作审查委员会（RCGM）/印度基因工程评估委员会（GEAC）/印度农业研究理事会（ICAR）	1989 年《危险微生物/转基因生物或细胞的制造、使用、进出口和存储法规》，1990 年和 1998 年生物安全指南	GEAC 申请表 II B
作为转基因食品/饲料的转基因活生物体	印度基因工程评估委员会（GEAC）	提供生物安全与食品安全研究，遵守 1989 年《危险微生物/转基因生物或细胞的制造、使用、进出口和存储法规》，1990 年和 1998 年生物安全指南	GEAC 申请表 III
转基因活生物体衍生的转基因加工食品	印度基因工程评估委员会（GEAC）	在进口商提供以下信息的基础上授予一次性基于转化体的审批：①获批在出口国/原产国进行商业化生产的作物物种基因/转化体列表；②获批在生产国以外的国家消费相关产品；③在原产国开展食品安全研究；④出口国/原产国提供的分析/成分报告；⑤进口后进一步加工的详细信息；⑥出口国/原产国饲料/食品商业化生产、销售和使用的详细信息；⑦衍生产品的基因/转化体审批的详细信息	GEAC 申请表 IV
含有转基因生物衍生配料的加工食品	印度基因工程评估委员会（GEAC）	如果加工食品中含有上述第 1 类和第 3 类的衍生配料，且已获得印度基因工程评估委员会的批准，则除了入境/港声明之外，无需获得进一步的批准。如果未获得印度基因工程评估委员会的批准，则须遵循上述第 3 类中提及的程序	GEAC 申请表 IV B

附录3

附表3　印度履行《卡塔赫纳生物安全议定书》各条款的情况

条款	规　定	现　状
第七条	拟直接用作食物或饲料或用于加工的转基因活生物体首次越境转移，采用提前知情同意程序	通知主管部门（印度基因工程评估委员会）；印度国家植物遗传资源局对限制使用的转基因生物体进行边境监管；启动相关项目，提高生物技术局和印度环境林业部识别转基因活生物体的能力
第八条	通知——出口缔约方应在首次有意越境转移属于第7条第1款规定的转基因活生物体之前，通知或要求出口者确保以书面形式通知进口缔约方的国家主管部门	制定1989年《危险微生物/转基因生物或细胞的制造、使用、进出口和存储法规》；建立主管部门
第九条	对收到通知的确认——进口缔约方应按规定在收到通知后九十天内以书面形式向发出通知者确认已收到通知	通知联络点；建立监管机构（印度基因工程评估委员会）
第十条	决定程序——进口缔约方所作决定应符合第十五条的规定	建立监管机构（印度基因工程评估委员会）
第十一条	关于拟直接用作食物或饲料或用于加工的转基因活生物体的程序	1989年《危险微生物/转基因生物或细胞的制造、使用、进出口和存储法规》；印度对外贸易总局（DGFT）第2号通知（RE-2006）/2004—2009年
第十三条	简化程序，确保以安全方式从事转基因活生物体的有意越境转移	1989年《危险微生物/转基因生物或细胞的制造、使用、进出口和存储法规》
第十四条	双边、区域及多边协定和安排	—
第十五条	风险评估	生物技术局有关植物研究的生物安全指南；封闭田间试验指南；转基因植物衍生产品安全评估指南
第十六条	风险管理	生物技术局研究指南
第十七条	无意中造成的越境转移和应急措施	1989年《危险微生物/转基因生物或细胞的制造、使用、进出口和存储法规》
第十八条	处理、运输、包装和标识	1989年《危险微生物/转基因生物或细胞的制造、使用、进出口和存储法规》，相关指南仍有待制定
第十九条	国家主管部门和国家联络点	印度环境与林业部被指定为主管部门和国家联络点
第二十条	信息交流与生物安全资料交换所	组建了生物安全资料交换所（http://www.indbch.nic.in）
第二十一条	机密资料	—
第二十二条	能力建设	生物技术局、印度环境与林业部、美国贸易发展署与美国国际研发署赞助的SABP持续开展能力建设活动
第二十三条	公众意识和参与	印度环境与林业部、生物技术局建立了有关生物技术进展和监管体系的具体网站，包括印度转基因研究信息系统、印度基因工程评估委员会、生物技术局等网站
第二十四条	非缔约方（缔约方与非缔约方之间进行的转基因活生物体的越境转移）	针对所有进出口事宜制定1989年《危险微生物/转基因生物或细胞的制造、使用、进出口和存储法规》
第二十五条	非法越境转移	—
第二十六条	社会-经济因素	社会经济分析是决策的一部分
第二十七条	赔偿责任和补救	正在开展全国磋商

资料来源：印度环境与林业部、生物技术局。

附录 4

附表 4　截至 2015 年 7 月韩国批准的转基因产品列表

作物	品　　种	申请人	性状	批准	批准日期
大豆	GTS40 - 3 - 2	孟山都	耐除草剂	食品和饲料	2010 年、2004 年
大豆	MON89788	孟山都	耐除草剂	食品和饲料	2009 年
大豆	A2704 - 12	拜耳	耐除草剂	食品和饲料	2009 年
大豆	DP - 356043 - 5	杜邦	耐除草剂	食品和饲料	2010 年、2009 年
大豆	DP - 305423 - 1	杜邦	高油酸	食品和饲料	2010 年
大豆	A5547 - 127	拜尔	耐除草剂	食品和饲料	2011 年
大豆	CV127	巴斯夫	耐除草剂	食品和饲料	2011 年、2013 年
大豆	MON87701	孟山都	抗虫	食品和饲料	2011 年
大豆	MON87769	孟山都	硬脂酸	食品和饲料	2012 年、2013 年
大豆	MON87705	孟山都	高油酸	食品和饲料	2012 年、2013 年
大豆	MON87708	孟山都	耐除草剂	食品和饲料	2012 年、2013 年
大豆	DP - 305423 - 1×GTS40 - 3 - 2	杜邦	高油酸，耐除草剂	食品和饲料	2011 年
大豆	MON87701×MON89788	孟山都	耐除草剂，抗虫	食品和饲料	2012 年
大豆	MON87705×MON89788	孟山都	高油酸，耐除草剂	食品和饲料	2013 年、2014 年
大豆	MON87769×MON89788	孟山都	耐除草剂	食品和饲料	2013 年、2015 年
大豆	FG72	拜尔	耐除草剂	食品和饲料	2013 年、2014 年
大豆	MON87708×MON89788	孟山都	耐除草剂	食品和饲料	2013 年、2014 年
大豆	SYHT0H2	先正达	耐除草剂	食品和饲料	2014 年
大豆	DAS - 68416 - 4	陶氏	耐除草剂	食品和饲料	2014 年
大豆	DAS - 44406 - 6	陶氏	耐除草剂	食品和饲料	2014 年
玉米	MON810	孟山都	抗虫	食品和饲料	2012 年、2004 年
玉米	TC1507	杜邦	耐除草剂，抗虫	食品和饲料	2012 年、2004 年
玉米	GA21	孟山都	耐除草剂	食品和饲料	2010 年、2007 年
玉米	NK603	孟山都	耐除草剂	食品和饲料	2012 年、2004 年
玉米	Bt 11	先正达	耐除草剂，抗虫	食品和饲料	2013 年、2006 年
玉米	T25	安万特/拜尔	耐除草剂	食品和饲料	2003 年、2004 年
玉米	MON863	孟山都	抗虫	食品和饲料	2003 年、2004 年
玉米	Bt176	先正达	耐除草剂，抗虫	食品和饲料	2003 年、2006 年
玉米	DLL25	孟山都	耐除草剂	食品	2004 年
玉米	DBT418	孟山都	耐除草剂，抗虫	食品	2004 年
玉米	MON863×NK603	孟山都	耐除草剂，抗虫	食品和饲料	2004 年、2008 年
玉米	MON863×MON810	孟山都	抗虫	食品和饲料	2004 年、2008 年
玉米	MON810×GA21	孟山都	耐除草剂，抗虫	食品	2004 年
玉米	MON810×NK603	孟山都	耐除草剂，抗虫	食品和饲料	2004 年、2008 年
玉米	MON810×MON863×NK603	孟山都	耐除草剂，抗虫	食品和饲料	2004 年、2008 年

（续）

作物	品　种	申请人	性状	批准	批准日期
玉米	TC1507×NK603	杜邦	耐除草剂，抗虫	食品和饲料	2004 年、2008 年
玉米	Das - 59122 - 7	杜邦	耐除草剂，抗虫	食品和饲料	2005 年
玉米	Mon88017	孟山都	耐除草剂，抗虫	食品和饲料	2006 年
玉米	Das - 59122 - 7×TC1507×NK603	杜邦	耐除草剂，抗虫	食品和饲料	2006 年、2008 年
玉米	TC1507×Das - 59122 - 7	杜邦	耐除草剂，抗虫	食品和饲料	2006 年、2008 年
玉米	Das - 59122 - 7×NK603	杜邦	耐除草剂，抗虫	食品和饲料	2006 年、2008 年
玉米	Bt11×GA21	先正达	耐除草剂，抗虫	食品和饲料	2006 年、2008 年
玉米	MON88017×MON810	孟山都	耐除草剂，抗虫	食品和饲料	2006 年、2008 年
玉米	Bt10	先正达	耐除草剂，抗虫	食品和饲料	2007 年
玉米	MIR604	先正达	抗虫	食品和饲料	2007 年、2008 年
玉米	MIR604×GA21	先正达	耐除草剂，抗虫	食品和饲料	2008 年
玉米	Bt11×MIR604	先正达	耐除草剂，抗虫	食品和饲料	2007 年、2008 年
玉米	Bt11×MIR604×GA21	先正达	耐除草剂，抗虫	食品和饲料	2008 年
玉米	Mon89034	孟山都	抗虫	食品和饲料	2009 年
玉米	Mon89034×Mon88017	孟山都	耐除草剂，抗虫	食品和饲料	2009 年
玉米	Smart stack	孟山都/陶氏	耐除草剂，抗虫	食品和饲料	2009 年
玉米	Mon89034×NK603	孟山都	耐除草剂，抗虫	食品和饲料	2010 年、2009 年
玉米	NK603×T25	孟山都	耐除草剂	食品和饲料	2010 年、2011 年
玉米	Mon89034×TC1507×Nk603	孟山都/陶氏	耐除草剂，抗虫	食品和饲料	2010 年、2011 年
玉米	MIR162	先正达	抗虫	食品和饲料	2010 年、2008 年
玉米	DP - 098141 - 6	杜邦	耐除草剂	食品和饲料	2010 年
玉米	TC1507×Mon810×NK603	杜邦	耐除草剂，抗虫	食品和饲料	2010 年
玉米	TC1507×DAS - 591227×Mon810×NK603	杜邦	耐除草剂，抗虫	食品和饲料	2010 年
玉米	Bt11×MIR162×MIR604×GA21	先正达	耐除草剂，抗虫	食品和饲料	2010 年、2011 年
玉米	Event3272	先正达	功能性状	食品和饲料	2011 年
玉米	Bt11×MIR162×GA21	先正达	耐除草剂，抗虫	食品和饲料	2011 年、2012 年
玉米	TC1507×MIR604×NK603	杜邦	耐除草剂，抗虫	食品和饲料	2011 年
玉米	MON87460	孟山都	耐旱	食品和饲料	2011 年、2012 年
玉米	Bt11×DAS - 591227×MIR604×TC1507×GA21	先正达	耐除草剂，抗虫	食品和饲料	2011 年、2013 年
玉米	TC1507×DAS - 591227×MON810×MIR604×NK603	杜邦	耐除草剂，抗虫	食品和饲料	2012 年
玉米	Bt11×MIR162×TC1507×GA21	先正达	耐除草剂，抗虫	食品和饲料	2012 年
玉米	3272×Bt11×MIR604×GA21	先正达	耐除草剂，抗虫	食品和饲料	2012 年、2013 年
玉米	MON87460×MON89034×NK603	孟山都	耐旱，耐除草剂，抗虫	食品和饲料	2012 年、2013 年
玉米	MON87460×MON89034×MON88017	孟山都	耐旱，耐除草剂，抗虫	食品和饲料	2012 年、2013 年
玉米	MON87460×NK603	孟山都	耐旱，耐除草剂	食品和饲料	2012 年、2013 年
玉米	TC1507×MON810×MIR162×NK603	杜邦	耐除草剂，抗虫	食品和饲料	2013 年
玉米	5307	先正达	抗虫	食品和饲料	2013 年

（续）

作物	品　　种	申请人	性状	批准	批准日期
玉米	Bt11×MIR604×TC1507×5307×GA21	先正达	抗虫	食品和饲料	2013 年、2014 年
玉米	Bt11×MIR162×MIR604×TC1507×5307×GA21	先正达	抗虫	食品和饲料	2013 年、2014 年
玉米	MON87427	孟山都	耐除草剂	食品和饲料	2013 年、2014 年
玉米	MON87427×MON89034×NK603	孟山都	耐除草剂，抗虫	食品	2014 年
玉米	MON87427×MON89034×MON88017	孟山都	耐除草剂，抗虫	食品	2014 年
玉米	TC1507×MON810×MIR604×NK603	杜邦	耐除草剂，抗虫	食品和饲料	2014 年
玉米	DAS - 40278 - 9	陶氏	耐除草剂	食品和饲料	2014 年
玉米	GA21×T25	先正达	耐除草剂	食品和饲料	2014 年
玉米	TC1507×MON810	杜邦	抗虫，耐除草剂	食品和饲料	2014 年
玉米	DP - 004114 - 3	杜邦	抗虫，耐除草剂	食品和饲料	2014 年
玉米	3272×Bt11×MIR604×TC1507×5307×GA21	先正达	抗虫，耐除草剂，a-淀粉酶	食品	2014 年
玉米	MON89034×TC1507×MON88017×DAS - 59122 - 7×DAS - 40278 - 9	陶氏	抗虫，耐除草剂	食品	2014 年
玉米	TC1507×MON810×MIR162	杜邦	抗虫，耐除草剂	食品和饲料	2015 年
玉米	NK603×DAS - 40278 - 9	陶氏	耐除草剂	食品和饲料	2015 年
玉米	MON87427×MON89034×TC1507×MON88017×DAS - 59122 - 7	孟山都	抗虫，耐除草剂	食品	2015 年
玉米	DP - 004114 - 3×MON810×MIR604×NK603	杜邦	抗虫，耐除草剂	食品	2015 年
棉花	Mon531	孟山都	抗虫	食品和饲料	2013 年、2004 年
棉花	757	孟山都	抗虫	食品和饲料	2003 年、2004 年
棉花	Mon1445	孟山都	耐除草剂	食品和饲料	2013 年、2004 年
棉花	15985	孟山都	抗虫	食品和饲料	2013 年、2004 年
棉花	15985×1445	孟山都	耐除草剂，抗虫	食品和饲料	2004 年、2008 年
棉花	531×1445	孟山都	耐除草剂，抗虫	食品和饲料	2004 年、2008 年
棉花	281/3006	陶氏农业科学	耐除草剂，抗虫	食品和饲料	2014 年、2008 年
棉花	Mon88913	孟山都	耐除草剂	食品和饲料	2006 年
棉花	LLCotton 25	拜尔	耐除草剂	食品和饲料	2005 年
棉花	Mon88913×Mon15985	孟山都	耐除草剂，抗虫	食品和饲料	2006 年、2008 年
棉花	Mon15985×LLCotton 25	拜尔	耐除草剂，抗虫	食品和饲料	2006 年、2008 年
棉花	281/3006×Mon88913	陶氏农业科学	耐除草剂，抗虫	食品和饲料	2006 年、2008 年
棉花	281/3006×Mon1445	陶氏农业科学	耐除草剂，抗虫	食品	2006 年
棉花	GHB614	拜尔	耐除草剂	食品和饲料	2010 年
棉花	GHB614×LLCotton 25	拜尔	耐除草剂	食品和饲料	2012 年、2011 年
棉花	GHB614×LLCotton 25×15985	拜尔	耐除草剂，抗虫	食品和饲料	2011 年、2013 年
棉花	T304 - 40×GHB119	拜尔	耐除草剂，抗虫	食品和饲料	2012 年、2013 年
棉花	GHB119	拜尔	耐除草剂	食品和饲料	2012 年、2013 年
棉花	COT67B	先正达	抗虫	饲料	2013 年

（续）

作物	品　　种	申请人	性状	批准	批准日期
棉花	GHB614×T304−40×GHB119	拜尔	耐除草剂，抗虫	食品和饲料	2013 年
棉花	COT102	先正达	抗虫	食品	2014 年
棉花	281/3006×COT102×MON88913	陶氏	抗虫，耐除草剂	食品和饲料	2014 年、2015 年
棉花	MON88701	孟山都	耐除草剂	食品和饲料	2015 年
棉花	GHB614×T304−40×GHB119×COT102	拜尔	抗虫，耐除草剂	食品和饲料	2015 年
油菜籽	RT73（GT73）	孟山都	耐除草剂	食品和饲料	2013 年、2005 年
油菜籽	MS8/RF3	拜尔	耐除草剂	食品和饲料	2005 年、2014 年
油菜籽	T45	拜尔	耐除草剂	食品和饲料	2005 年
油菜籽	MS1/RF1	拜尔	耐除草剂	食品和饲料	2005 年、2008 年
油菜籽	MS1/RF2	拜尔	耐除草剂	食品和饲料	2005 年、2008 年
油菜籽	Topas19/2	拜尔	耐除草剂	食品和饲料	2005 年、2008 年
油菜籽	MS8	拜尔	耐除草剂	食品和饲料	2012 年、2013 年
油菜籽	RF3	拜尔	耐除草剂	食品和饲料	2012 年、2013 年
油菜籽	MON88302	孟山都	耐除草剂	饲料和食品	2014 年
油菜籽	MON88302×RF3	孟山都	耐除草剂	食品	2014 年
油菜籽	MON88301×MS8×RF3	孟山都	耐除草剂	食品和饲料	2014 年、2015 年
油菜籽	MS8×RF3×RT73	拜尔	耐除草剂	食品	2015 年
油菜籽	DP−073496−4	杜邦	耐除草剂	食品和饲料	2015 年
马铃薯	SPBT02−05	孟山都	抗虫	食品	2004 年
马铃薯	RBBT06	孟山都	抗虫	食品	2004 年
马铃薯	Newleaf Y（RBMT15−101，SEMT 15−02，SEMT 15−15）	孟山都	抗虫，抗病毒	食品	2004 年
马铃薯	Newleaf Plus（RBMT21−129，RBMT21−350，RBMT22−82）	孟山都	抗虫，抗病毒	食品	2004 年
甜菜	H7−1	孟山都	耐除草剂	食品	2006 年
苜蓿	J101	孟山都	耐除草剂	食品和饲料	2007 年、2008 年
苜蓿	J163	孟山都	耐除草剂	食品和饲料	2007 年、2008 年
苜蓿	J101，J163，J101×J163	孟山都	耐除草剂	食品和饲料	2007 年、2008 年
苜蓿	KK179	孟山都	木质素减少	饲料	2015 年

　　注：生物技术作物需要进行食品安全评估和环境风险评估。值得注意的是，环境风险评估有时称为饲料许可，尽管审核很大程度上着重于环境影响，而不是动物健康。